REFLEXIONS

SUR LES VAISSEAUX DE CUIVRE, DE PLOMB ET D'ÉTAIN, ET DIVISION DE L'EXTRAIT DU LIVRE INTITULÉ, NOUVELLES FONTAINES DOMESTIQUES,

Avec une Dissertation sur la véritable cause des obstructions dans les reins & dans tous les visceres, venant des principes des alimens & des eaux, ou de la dissolution des filtres, qui se mêlent dans la digestion avec le chyle, & causent différentes maladies.

Par M. AMY, *Avocat au Parlement de Provence.*

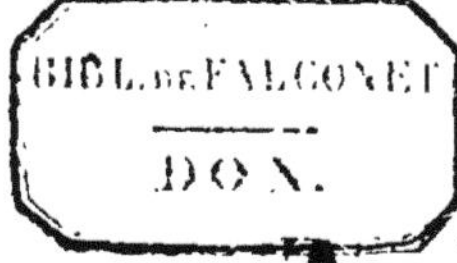

A PARIS,

Chez J. B. COIGNARD, & A. BOUDET, rue S. Jacques à la Bible d'or.

M. DCC. LII.

A MESSIEURS LES DOCTEURS-REGENS DE LA FACULTÉ DE MEDECINE DE PARIS.

ESSIEURS,

Voici des réflexions sur les Vaisseaux en usage dans les Cuisines & dans les Pharma-

cies ; elles présentent des principes approuvés par l'Académie Royale des Sciences, sur un point de santé des plus importans. Ces principes, MESSIEURS, *sont les vôtres ; vous êtes sans contredit les seuls & premiers Juges, dans tous les cas qui regardent ce bien le plus précieux du genre-humain. Il n'est rien de vrai, rien de solide à cet égard, sans vos décisions : cependant malgré des vérités publiées par vous-mêmes,* MESSIEURS, *dans différentes questions discutées aux Ecoles de Médecine, où vous avez conclu contre l'usage des Vaisseaux de cuivre, comme étant la cause de plusieurs morts subites, & d'une infinité de maladies inconnues, une partie du Public mal instruit se laisse encore surprendre. Des critiques mal intentionnés, qu'anime leur seul intérêt, en tâchant de rassurer les esprits sur l'usage du métal le plus dangereux de tous, usent en même tems de la voye de recrimination, & répandent des doutes sur la salubrité des nouvelles Fontaines. Quelque ridicules que soient leurs objections, les pratiques sourdes qu'ils employent pour les insinuer, m'obligent d'y donner une réponse pour garantir le Public de la séduction, par laquelle, ſous le prétexte du prétendu danger des filtres, on voudroit les ramener à l'uſage des Vaiſſeaux de cuivre. Je n'ai pas cru,* MESSIEURS, *devoir faire paroître ma réfutation ſous d'autres auſpices que les vôtres; vous êtes mes Juges nés, & je la ſoumets entiérement à votre cenſure.*

Je ſuis avec un profond reſpect,

MESSIEURS,

Votre très-humble & très-obéiſſant ſerviteur,

AMY...

TABLE.

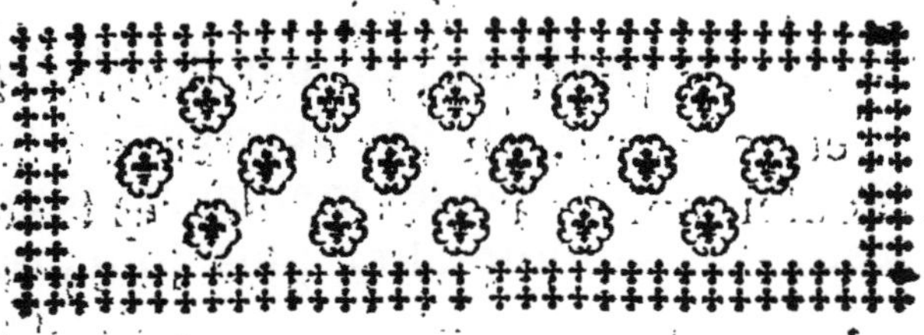

REFLEXIONS

SUR LES VAISSEAUX DE CUIVRE, DE PLOMB ET D'ETAIN,

ET

DIVISION DE L'EXTRAIT

DU LIVRE INTITULÉ,

NOUVELLES FONTAINES DOMESTIQUES.

L'ACADEMIE & la Faculté de Médecine ont décidé très-souvent qu'il n'est rien de plus pernicieux dans les cuisines que l'usage des vaisseaux de cuivre ; mais elles ne font pas assez de fruit. Il n'y a que le quart des habitans de Paris & du Royaume qui se rangent de leur parti, ou parce qu'ils connoissent la point de physique, ou par docilité à s'en instruire, ou par déférence à un conseil puisé dans les meilleures sources, sans vouloir aller plus loin, ou parce qu'ils ont vû des exemples funestes, ou enfin, parce qu'ils ont failli à être les victimes d'un métal redoutable : les trois quarts restans tombent dans une faute, qui se présente d'abord sans aucune sorte de vraisemblance ; en effet, les enfans ont de la foi aux décisions de l'Académie & de la Faculté de Médecine ; ils fuyent, fort effrayés, en voyant la moindre trace de verd-de-gris ; ils le montrent au doigt. Si les enfans étoient leurs maîtres, une peur si marquée leur feroit bannir sans doute les vaisseaux qui produisent ce poison ; mais les hommes n'ont ni la même foi, ni la même peur ; ils connoissent le poison, ils le regardent de sang froid, moyennant certains soins, inutiles assez souvent ; en un mot, ils se servent des vaisseaux de cuivre qui le produisent. Il arrive donc dans ce cas par la plus singuliére invraisemblance, qu'il y a plus de ſignes de ſageſſe dans les enfans que dans les hommes.

Il en eſt de la ſanté du corps comme de celle de l'ame. Un pere vicieux, honnête homme d'ailleurs, ne laiſſe pas que d'inſpirer à ſes enfans des principes de religion, pour tâcher de les mettre dans la voie où il n'eſt pas lui-même. Il en eſt à-peu-près ainſi de toutes les choſes nuiſibles à la ſanté : ce pere apprend à ſes enfans les dangers de la vie humaine, il ne manque pas celui du verd-de-gris familier ; mais comme il ne s'arrête qu'à l'écorce, c'eſt-à-dire, à la préſence viſible du poiſon, les enfans devenus hommes s'arrêtent toujours au point où ils ont vû leurs peres joüir d'une fauſſe ſécurité ; ils ne craignent plus le poiſon, quand ils ne le voyent pas, bien que toujours prêt, viſible ou inviſible, à les dévorer. De-là viennent tant de victimes de ce poiſon, d'autant plus aſſurées, qu'il mord ſans ſe montrer, & preſque toujours ſans ſe faire connoître, ni même ſans ſe faire ſoupçonner ; car il faut pour le ſoupçon, quelques principes de Physique, & cette science ne va pas dans tous les états.

Il ne faut pas s'étonner après cela, si les principes de religion & de santé ont malheureusement le même sort; le corps & l'ame séduits par les mauvaises coûtumes s'en vont souvent à vau-l'eau, faute de réflexions sur les premiéres notions qu'il est sage d'approfondir, quand elles sont intéressantes : mais, ô fatalité ! ô déplorable condition de l'homme ! ces premiéres notions sont presque toujours un mêlange de bien & de mal; celui-ci trouve, pour ainsi dire, dans le cerveau des enfans une table de marbre, & s'y grave profondément; celui-là n'y trouve qu'un peu de sable mouvant, dont le premier vent emporte tous les traits.

Voilà la source de tant de verd-de-gris qu'il y a dans le monde. On sent bien que celui du cuivre ne va pas tout seul; mais on en rit, on s'en divertit, on s'en mocque, on en meurt; & ceux qui voyent mourir leurs concitoyens croyent toujours être plus sages qu'eux; il s'en fient à leur prudence, à leur prévoyance, dont ils ne ſont que trop ſouvent les victimes; enſorte qu'après avoir ri des autres, ils trouvent des rieurs à leur tour, & il n'eſt ni prudence, ni prévoyance, ni blanchimens, ou retamages, qui ayent pû parer le coup de la mort.

On ne riſque rien hors du danger; mais il y a toujours du danger dans le danger. Les exemples de ceux qui échappent du danger, ne ſont pas une raiſon pour ſe livrer au danger; il eſt dit que qui l'aime y périra.

Je vais maintenant dépayſer mon Lecteur bien loin; mais il verra comme une circonférence remplie de précipices, & qu'en le faiſant partir d'un point, je le ramenerai au même.

En 1720. dans un village de la Principauté de Martigues en Provence, je me ſuis promené, j'ai joué, mangé, converſé, & même couché pluſieurs fois avec des peſtiférés, qui paroiſſoient en ſanté, & qui ſont morts le même jour ou le lendemain. J'ai vû périr la moitié des habitans; j'ai vû déſerter tous les autres, à l'exception de deux Conſuls & d'un Prêtre qui ont péri peu de jours après ; j'ai employé mon courage & la vigueur de ma jeuneſſe à rétablir le moulin & les fours bannaux, où les meuniers & fourniers étoient morts, pour rappeller ainſi les déſerteurs effrayés, qui périſſoient ſans ſecours ſous des cabanes dans la campagne. J'ai été moi-même avec les corbeaux faire enlever pluſieurs cadavres de ce moulin ; je l'ai fait parfumer enſuite en ma préſence, pour la ſûreté des nouveaux meuniers & du public. Voilà de grands dangers ; mais ce n'eſt rien encore. J'ai vû ma mere attaquée de cette terrible maladie ; elle n'a eu d'autres ſecours que de moi, inutiles pourtant, elle eſt morte entre mes bras. Pénétré de la plus vive douleur, accablé de fatigues & d'inanition par défaut de nourriture, obſtiné à mourir auprès de ces reliques ſi cheres pour un fils, mon viſage collé contre celui de ma mere, on m'enleva de force. Diroit-on que je n'ai reſſenti d'autre contagion que la douleur naturelle en pareil cas ? La peſte m'a trouvé invulnérable, parce que je n'étois point disposé à la recevoir.

Dans le même tems la personne que Dieu me destinoit pour épouse, se trouvoit dans une maison de campagne dans le terroir d'Aix, avec deux de ses freres, qui furent attaqués de la même maladie : elle seule leur donna tous les secours huit jours de suite sans prendre le moindre repos, pendant la nuit, & avec très-peu de nourriture. Dans ces cas malheureux on ne trouve pas des infirmiers avec de l'argent, & la douleur jointe aux besoins pressans des malades qui nous touchent de si près, mettent le sang dans un si grand mouvement, qu'on en perd le sommeil & l'appetit ; mais mouvemens & secours inutiles quand l'arrêt est prononcé ; les deux freres expirerent après l'un l'autre dans les bras de leur sœur.

Qui diroit encore qu'une jeune personne, plus susceptible de peste, avec le souffle de ses freres, fut, comme moi, dans le même-tems invulnérable de ce côté-là. Ce ne fut que huit jours après, qu'étant revenue à Aix dans la maison de son pere, elle fut attaquée d'une fiévre ardente, occasionnée seulement par la frayeur, les mouvemens & les veilles. Les ordres de la Police étoient très-rigoureux dans ce tems-là ; tous les malades indistinctement étoient enlevés sur la dénonciation des Commissaires de quartier, & portés aux infirmeries.

M. de Chicoyneau, aujourd'hui premier Médecin du Roi, ce grand homme qui connoissoit mieux le danger que tout autre, & qui cependant s'y est livré avec tant de noblesse & de courage pour le salut de ses Concitoyens, attesta au Commandant de la ville, que ce seroit un meurtre de mener aux infirmeries une jeune personne qui n'avoit aucuns symptômes de peste ; il obtint qu'elle resteroit chez elle. Il la fit saigner d'abord par un Chirurgien de peste nomme Sainte-Marie, qui paroissoit se bien porter, & qui mourut dès le lendemain.

Ce grand homme lui-même, qui n'avoit d'autre préservatif qu'un régime de vie ſuivant ſes lumiéres, une grande ſobriété, une force & une aſſiete d'eſprit tranquille, s'aſſeyoit ſur les lits des malades riches ou pauvres: ceux-ci même trouvoient en lui la médecine & la bourſe ouverte; mais on juge bien qu'un Médecin de cet ordre, livré au plus grand danger, porte toujours, ſinon dans ſon ſouffle pur, du moins dans ſes habits, des étincelles de peſte. Cependant la malade ne reçut aucune atteinte ni du Chirurgien peſtiféré, ni des habits de l'illuſtre Médecin, qui ne fut pour elle qu'un libérateur des infirmeries & de la mort.

Mais tous ces exemples préſentent-ils quelque raiſon ſolide pour ſe familiariſer avec la peſte? On ne peut que donner des éloges à ceux, qui par les devoirs de la nature, ou par grandeur d'ame, donnent du ſecours aux peſtiférés. C'eſt une eſpéce de néceſſité, que la religion, la nature, l'honneur, ou l'humanité inſpirent; & delà je reviens tout d'un coup à mon ſujet. Tant de perſonnes qui paroiſſent ſe bien porter, & vivre avec le cuivre, sont-ils des exemples pour se livrer follement sans devoir, sans honneur & sans nécessité à la contagion du cuivre ? Les accidens du verd-de-gris, dans le cas d'une certaine dose, ne sont-ils pas mille fois encore plus effrayans & plus terribles que ceux de la peste elle-même ?

Ainsi Dieu n'a pas voulu que nous nous soyons noyés en Provence dans un océan de venin, & j'ai failli me noyer à Paris trente ans après, dans un verre d'eau de la Seine imprégnée de verd-de-gris. Heureusement j'apperçus aux simptômes, après quelques jours de maladie, que j'étois empoisonné. Si je n'avois pas eu recours aux remédes propres dans ce cas, ou si j'avois différé un peu plus de tems, j'étois perdu sans ressource, comme le sont tant d'autres, qui ne pensent pas à la source du mal.

La peste proprement dite, effraye toutes les nations qui ne l'ont jamais vûe, ou qui la voient rarement.

En France, par exemple, les habitans de Marseille & autres villes maritimes, la craignent, si l'on veut, mais beaucoup moins que les habitans de Paris. Un milicien craint plus le feu qu'un grenadier. A Constantinople, au grand Kaire, autant de Turcs, autant de grenadiers, qui vont au feu de la peste; ils se donnent des secours mutuels, ce que nous ne faisons pas: chez eux, nulle crainte, nulle précaution, ou très-peu, si ce n'est chez les Grands. D'où vient l'intrepidité des Turcs? C'est la coûtume de voir la peste, ce sont des préjugés, si l'on veut; mais cette coûtume l'emporte; en un mot, on craint moins la peste dans ces pays-là, malgré toutes les horreurs de ce fleau, qu'on ne la craint à Marseille & autres villes maritimes, & qu'on ne craint ici les maladies épidémiques & la petite vérole.

Je demande maintenant pourquoi est-ce que sans avoir peur, on frissonne à Paris au seul nom de peste? & pourquoi est-ce que sans frissonner on y a peur des maladies épidémiques & de la petite vérole? C'est que les images terribles de la peste, quoiqu'éloignées, sont gravées dans tous les esprits. Chacun sçait qu'elle fait infiniment plus de ravage, que ne font les maladies épidémiques & la petite vérole ; d'ailleurs ces dernieres frappent les yeux & les oreilles, & font du ravage de tems à autre à Paris. Voilà le sujet de la peur. La peste au contraire n'y frappe que les oreilles ; l'éloignement des pays contaminés & les lignes de circonvallation, tiennent l'esprit en repos sur les événemens, & tout se réduit à frissonner & à concevoir en sûreté les terreurs de la renommée.

Mais pourquoi est-ce qu'on n'a nulle peur des effets caustiques du cuivre, quoiqu'ils frappent les yeux journellement çà ou là ? Il n'y a d'autre réponse à donner, si ce n'est que la contagion du cuivre est familiére à Paris & dans tout le Royaume, comme la peste à Constantinople, ou au grand Kaire ; c'est la coûtume, ç'en est assez pour que les hommes pensent qu'on peut dormir tranquillement auprès d'un monstre, qui n'est attaché qu'avec un filet, je veux parler de cette légere étamure qu'on oppose comme un rempart à un ennemi aussi dangereux que le cuivre ; & qui n'ayant pas la moindre peine à briser des chaînes si légeres, se jette souvent sur les hommes pour les dévorer.

Disons mieux, Dieu le veut ainsi. Ce métal est un fleau moins sensible, dont il se sert souvent pour punir les hommes, & pour faire comme en secret ce qu'il fait ouvertement par les autres fléaux. Il a voulu jusqu'ici que ce métal se soit impatronisé dans toutes les familles, comme un Dieu Pénate, à la faveur de sa couleur brillante ; [hameçon fait pour l'homme qui se laisse prendre par les yeux,] mais ce faux Dieu, ce Dieu exterminateur, porte dans son sein une peste d'autant plus redoutable, qu'elle est très-souvent & presque toujours invisible : on a même osé la faire passer pour un purgatif. Hélas ! c'en est un, mais malheureusement si puissant quelquefois, qu'il purge le corps de l'ame, en les séparant l'un de l'autre. Voilà l'excès de l'aveuglement des hommes, voilà les decrets de Dieu sur les hommes qui ont péri, & qui périront encore par ce purgatif, qui doit donc retenir à plus juste titre le nom de peste.

Or cette peste donne d'autant moins de signe de ce qu'elle est, qu'elle est la reine & l'instrument des festins. Elle ne se communique point d'homme à homme, mais seulement elle-même à l'homme. Son grand empire consiste à abréger insensiblement les jours de l'homme, à se cacher très-souvent sous des maladies inconnues, à tromper Messieurs les Médecins, pour laisser toujours au cuivre la confiance de l'homme. S'il arrive à ce métal de tuer subitement & journellement plusieurs hommes, ces hommes morts sont si éparpillés dans les villes du Royaume, que le public n'en ayant aucune connoissance, ou telle seulement qui passe comme un songe, ne peut s'intimider au point de se corriger ; il ne peut même s'instruire de la vérité, parce qu'il est rare qu'on fasse ouvrir les cadavres des hommes morts de cette espéce de peste.

Enfin, s'il arrive que cette vérité se manifeste en quelque ville du Royaume, par l'ouverture d'un cadavre, dont on aura trouvé les viscères brûlés par le verd-de-gris, le bruit n'en va pas bien loin, il s'assoupit, il tombe, on trouve même des excuses à tout, & on dit alors, qu'il y a du danger dans les meilleures choses. *Il ne faudroit donc pas*, continue-t-on, *faire du feu crainte d'un incendie, ni dormir tranquillement crainte que la maison ne s'écroule dans la nuit par quelque tremblement de terre; il ne faudroit plus voyager en voiture crainte de verser, ou que les chevaux ne prennent le mors aux dents; il faudroit abolir la navigation crainte de naufrage : baf, chanson que tout cela* : expression vulgaire, avec laquelle on finit tous ces beaux raisonnemens; mais y en a-t-il de plus faux? Le feu, une maison, une voiture, la navigation, sont toujours salutaires on profitables jusqu'à l'accident du feu, de la ruine, de la chute, ou du naufrage; mais le cuivre est toujours nuisible ou mortel, parce qu'il abrége les jours insensiblement, ou subitement : d'ailleurs on ne peut se passer ni de feu, ni d'une maison, ni des voitures, ni de la navigation, & l'on peut très-facilement se passer des vaisseaux de cuivre dans les cuisines.

Je vois bien que je donne un peu trop dans les comparaisons qui clochent souvent ; mais je me sers de tout pour que le Lecteur fasse encore de meilleures réflexions que moi.

Qu'est-ce que la sotte vanité des Athées, qui veulent faire les beaux esprits, en niant l'existence d'un Dieu contre les témoins éclatans de sa gloire, le Firmament & ce bas monde, qui présentent des miracles à chaque instant?

Qu'est-ce encore que le délire de ceux qui osent douter ou combattre la foi du Christ, contre les prophéties & leur accomplissement, contre la tradition & la conformité des Auteurs contemporains sur une infinité de miracles pendant la vie & à la mort du Christ? Ce sont là de vraies folies contre l'évidence.

Par la même raison, c'est une folie de nier la malignité du cuivre contre la même évidence, c'eſt-à-dire, de ſe fier aux vaiſſeaux formés de ce métal contre les déciſions de l'Académie & de toutes les Ecoles anciennes de Médecine, contre celles de Meſſieurs les Médecins actuellement vivans, qui vous prêchent ſans ceſſe, & qui ſont d'autant plus dignes d'obéiſſance dans leurs avis ſalutaires, que ce qu'ils vous diſent eſt confirmé tous les jours par des morts ſubites, & des ſymptômes de poiſon bien caractériſés, ou par des maladies inconnues. Voilà en quelque façon des Prophétes, des prophéties & des miracles: pourquoi donc s'endurcir comme Pharaon a fait vis-à-vis de ceux de Moyſe? Pourquoi ſe noyer comme lui dans les eaux du fleuve?

Folie donc, [je prie le Lecteur de me pardonner tous les termes aigres, je ne parle que pour ſon bien,] folie, dis-je, de ſe ſervir de vaiſſeaux de cuivre, que chacun ſçait être très-dangereux, & que chacun adopte, moyennant des précautions chimériques qui appaiſent toute terreur: je ſoutiens au contraire, qu'il n'y a aucune précaution aſſurée ; il s'agit toujours de plus ou moins de malignité qui ſort de ce métal dès qu'on s'en ſert.

Folie de s'en repoſer pour cette précaution ſur un laveur de vaiſſelle, ou ſur un cuiſinier, qui peut laiſſer ſéjourner les mets trop long-tems dans le cuivre ; où ſont les aſſureurs de ces gens-là ?

Folie de ſe ſervir de vaiſſeaux qui demandent des précautions contre le poiſon, quand il y en a d'autres exempts de précaution & de poiſon.

Folie de s'expoſer à un danger où l'on peut périr, & où l'on périt tous les jours : en un mot, nulle différence de toutes ces folies d'avec celle d'un voyageur, qui ayant deux chemins à prendre l'un beau & fréquenté, l'autre rempli de précipices, environné de bois, déſerté & décrié par les chutes, par les vols & les meurtres, choiſiroit cependant ce dernier ſans attention ſur lui-même.

Des raiſons ſi ſolides, appuyées par les maîtres de la ſanté, m'ont obligé à faire l'extrait du livre intitulé, *Nouvelles Fontaines domestiques*, & des avis où j'ai assez parlé des dangers * du cuivre. Quoique je n'aie que peu de tems à moi, j'en ai cependant un peu plus aujourd'hui que dans les tems de poursuite de mon Privilége. J'ai donc tâché de rendre ce livre plus court, & de lui donner un ordre plus facile au Lecteur.

Je l'ai divisé en deux parties : dans la premiére je me suis attaché, autant que j'ai pû, à démontrer les différens dangers du verd-de-gris, pris intérieurement en grande ou petite dose dans les alimens & dans la boisson : je crois même d'y avoir prouvé la nécessité de substituer les vaisseaux de fer à ceux de cuivre, dont on se sert ordinairement.

J'aurois bien voulu pouvoir donner la connoissance parfaite du mécanisme des nouvelles Fontaines ; mais cela ne se pouvoit pas sans figures & sans explication par lettres indicatives ; cet objet doit faire la matiére d'un

* Voyez principalement le second avis depuis la page 13. jusqu'à la fin.

livre que j'ai promis, & que je mettrai au jour, si Dieu veut que je vive.

Je donnerai entr'autres deux figures, l'une qui représentera des Fontaines pour les bateaux des blanchisseuses, dans le tems où l'eau de la riviére est comme de la purée rouge. Ce ne seront plus des bateaux à filtration, comme j'ai eu l'honneur de les présenter à l'Académie. Sans m'éloigner des principes qu'elle a approuvés, je ferai voir le moyen facile de faire monter l'eau sale, & de la faire tomber pure à l'instant dans un bassin de plomb pratiqué à un bout du bateau, où les blanchisseuses trouveroient l'eau nécessaire pour égayer le linge fin, au lieu de filtrer l'eau très-imparfaitement, comme elles font, au travers de plusieurs linges; ce qui est fort inutile pour donner la blancheur & la propreté qui convient, & d'ailleurs fort incommode.

L'autre figure représentera une fontaine, capable de fournir à volonté toute l'eau nécessaire au service du public. On pourroit l'établir dans tous les quartiers de Paris. Les porteurs d'eau iroient troquer leur voie d'eau de purée contre une autre voie d'eau, ſinon exactement limpide, du moins auſſi belle qu'elle l'eſt ordinairement dans la belle ſaiſon. Ce ſeroit un grand avantage de ne mettre dans les Fontaines domeſtiques qu'une eau déja purifiée. Sa qualité n'en ſeroit que meilleure, n'ayant plus tant de commerce avec la vaſe ; les Fontaines iroient plus long-tems, & fourniroient plus d'eau, qui ſeroit même plus limpide, & conſéquemment plus ſaine ; mais ce ſont là de ces entrepriſes qui ne peuvent avoir du ſuccès qu'avec l'agrément des Puiſſances politiques.

J'ajoûterai encore une troiſiéme figure, qui préſente le moyen très-facile d'étouffer dans la minute quel incendie que ce ſoit. Il eſt vrai que ce mécaniſme, quoique très-ſimple, ſeroit d'une grande dépenſe après coup dans une ville comme Paris, mais à tout événement, ce ſera un avantage pour les particuliers qui feront bâtir à neuf, & qui pourront faire entrer ce mécaniſme dans les devis avec beaucoup plus de facilité & moins de dépense : ce sera encore un avantage pour les commerçans qui ont de riches magasins ; mais principalement pour tous les bureaux où il y a toujours des papiers précieux, pour les greffes des Cours souveraines, des Jurisdictions subalternes & des Corps de Villes & Communautés, pour les études des Notaires & Procureurs, qui contiennent les titres & les fortunes des Citoyens, enfin pour les Hôpitaux, où l'on n'auroit pas le tems de faire sortir les malades, suivant la force de l'incendie, & le tems pour y remédier par les moyens ordinaires qui sont trop longs. Toutes ces choses demandent garantie ; quoi qu'il en coute, la seule possibilité doit déterminer.

Mais je sortirois de mon sujet, & je me réduis dans la derniére Partie de cet Extrait, à faire la description des matiéres saines, qui entrent dans la construction des nouvelles Fontaines : je tache de faire sentir les avantages que celles-ci ont sur les anciennes, tant par les matiéres que par la différence de la ſalubrité & limpidité de l'eau, & par celle des filtres, des volumes, des commodités, des uſages & des prix. Je paſſe enſuite à une ſeconde inſtruction ſur la conduite des nouvelles Fontaines, & je penſe que ſi les habitans des Provinces ne peuvent pas avoir une connoiſſance parfaite d'un mécaniſme fort varié, du moins Meſſieurs les Pariſiens peuvent s'en inſtruire tous les jours dans le Magaſin public, & voir ce qui peut mieux leur convenir.

Il eſt bon de dire ici que la Manufacture ne peut point ſe charger de faire des envois aux perſonnes qui écrivent des Provinces, pour avoir des nouvelles Fontaines ; la raiſon en eſt, qu'il s'agit en cela, pour ainſi dire, d'un contract de vente, où le vendeur & l'acheteur doivent ſtipuler, ou eux-mêmes, ou par Procureur. La Manufacture a ſon Procureur dans la perſonne du commis prépoſé à la vente ; les acheteurs des Provinces doivent donc, pour ſçavoir ce qu'ils ſont, écrire à quelqu'un de leur connoiſſance, leur marquer la quantité d'eau qu'ils uſent dans leur ménages, & conſéquemment la capacité de la Fontaine qu'ils déſirent, même la nature des filtres en ſable ou en éponges, & le nombre des répétitions, & alors celui-ci faiſant la fonction de Procureur, peut venir au Magaſin, & choiſir ſuivant ce qu'on lui écrit, ou donner au commis les meſures qu'on lui envoye & les formes ſuivant les places; & ce commis alors, en recevant d'avance la moitié du prix convenu, fait exécuter ce qu'on lui demande. La perſonne chargée de la commiſſion après l'ouvrage fini, peut venir voir, & recevoir. Elle peut charger le commis de la caiſſe d'emballage, & voir emballer elle-même, parce que la Manufacture ne répond pas des dommages qui peuvent arriver ſur les voitures, ou autrement, de la part des voituriers.

On écrit encore des Provinces, que l'on n'y aura pas la même commodité qu'à Paris, où les hommes prépoſés par la Manufacture, au ſoin & lavage des Fontaines à l'année, ne laiſſent

aissent rien à désirer à cet égard ; mais
l suffit d'observer que l'extrait du
livre, dont il vient d'être parlé, contient une instruction particuliére pour
la conduite des nouvelles Fontaines,
vec laquelle il n'est point de maître
point de domestique, qui puisse se
romper, à moins que d'être absolu-
ment dénué de conception & d'adres-
e. Les Fontaines partent de Paris
our la Province garnies de leurs
ponges, ceux qui les reçoivent
oyent tout de suite de quelle fa-
on les éponges sont appliquées ;
s n'ont alors qu'à les repousser &
es remettre de la même façon, avec
e petit outil destiné à cette opéra-
on. A l'égard du sable sa place est
isible dans la Fontaine, la façon de le
iettre n'est pas nouvelle, & il n'y a
e nouveau à cet égard que la dif-
érence des sables propres au filtra-
e, & la pression que j'ai imaginée
ar une plaque, pour retenir la va-
.

Ainsi les personnes des provinces,
ui recevront des Fontaines, doivent
ire ôter toutes les éponges, les bien

laver de plusieurs eaux & les remettre en place : il en est de même du sable, qu'il faudra encore bien laver, le mettre dans son banc, le comprimer par la plaque, & mettre son couvercle au-dessus.

Il faut observer encore que les premiers, 8. 10. ou 15. jours, l'eau pourra avoir quelque petit goût de fadeur, qui vient des éponges neuves, de la Fontaine également neuve, & de la résine employée avec la soudure ; mais ce goût, qui est sans aucun danger, une fois effacé par les eaux journellement renouvellées, ne reviendra plus, à moins qu'une Fontaine soit laissée à sec, ou qu'on ne la soutire pas assez souvent. Il en est des Fontaines, comme des casseroles & marmites nouvellement étamées, qui donnent dans les commencemens un petit goût.

Enfin on écrit de la Province, & on demande, si en se servant du sable de la Manufacture, on peut continuer de se servir d'une Fontaine de cuivre, où l'on a pratiqué un étamage épais.

J'ai répondu ce que je penſe, & ce qui eſt vrai, que tous les étamages ſont les mêmes. Le cuivre ne peut pas prendre plus d'étain qu'il ne lui en faut. Si l'on veut le charger davantage, ce ne peut être qu'avec un fer chaud, en promenant l'étain ; mais il arrive alors, que cet étain eſt encore plus rempli de pores, qui ſont même plus grands & qui donnent à l'eau plus d'action ſur le cuivre : d'ailleurs les couvercles de cuivre étamés de deux côtés, au-deſſus & entre deux ſables, le tuyau de l'évent étamé de même, & les ſoudures des diaphragmes ou planchers du ſable, principalement en deſſous, où l'on ne voit pas ce qui s'y paſſe, ſeront toujours le magaſin du *verd-de-gris* & du poiſon.

Je ne me ſuis point arrêté dans cet Extrait aux ſcrupules que quelques perſonnes ont eu ſur le plomb. Il y en a même qui ſont allées plus loin, & qui ont prétendu que la ſoudure d'étain étoit mal ſaine, parce, diſent-elles, que cette ſoudure produit le *verd-de-gris*. Rien ne fourmille plus d'objections de la part d'une partie du public mal instruit, que les choses nouvelles ; il semble qu'il s'agit de changer de religion & de combattre les hérésies.

A l'égard du plomb, il suffit de dire ici, 1°. Que ce métal est composé d'une terre bitumineuse & de mercure.

2°. Qu'il perd dans les fourneaux de reverbere tout ce qu'il a de malsain, en sortant de la mine, & qu'il ne peut être exempt de feuillures au laminage, lorsqu'il n'a pas subi cette opération ; à la différence de celui jetté sur sable, qui devient plus suspect de mauvais mêlanges.

3°. Que même le plomb jetté sur sable n'a jamais produit aucun fâcheux accident, en ce qui concerne les vaisseaux, & les conduits formés de ce métal.

4°. Qu'on en a reconnu l'usage sans aucun danger chez toutes les nations, qui s'en servent aujourd'hui pour conserver & pour conduire les eaux ; témoin l'usage qu'en font à Paris les Physiciens qui ont le plus de réputation, entr'autres plusieurs fameux Médecins : on peut voir encore ce que dit Primerose à cet égard, dans le Traité qu'il a fait sur les erreurs vulgaires de la Médecine, Livre premier Chap. 2.

5°. Que le plomb ne se dissout point par le menstrue de l'eau froide, ou si peu, que cette dissolution tombe dans les infiniment petits, qui ne peuvent nuire à la santé de l'homme. Delà vient que pour tuer le gibier, on se sert de dragées de plomb, que l'on avale assez souvent en mangeant d'un levrau ou d'une perdrix. On plombe les dents gâtées & creuses ; les sels & les acides des mets, la salive saline encore, n'y mordent pas. Comment donc peut y mordre l'eau commune insipide ? Ajoûtez à cela, que les hommes portent dans leurs corps des balles de plomb pendant toute leur vie, sans autre incommodité que celle qui peut venir d'un corps étranger le plus sain dans les chairs, à la différence du cuivre, qui s'y réduiroit en verd-de-gris, & qui produiroit de si grands ravages, qu'il faudroit néceſſairement ; après avoir enfermé le loup dans la bergerie, ſcarifier, couper, ou périr. De-là vient que les orviétans & les opiates ne ſont pas confiés aux boetes de cuivre, mais ſeulement à celles de plomb ou d'étain, quoique les liqueurs compoſées qui entrent dans ces remédes contiennent des ſels & des acides, qui de leur nature ſont âcres, pénétrans, incifiſs, & quelque peu corroſifs, ſuivant l'effet qu'on attend de ces remédes. On a cependant vû que des ſiécles entiers n'ont du tout point diſſout le plomb ni l'étain ; les boëtes ſe ſont trouvées après ce tems-là auſſi entiéres qu'en ſortant du moule.

Bien plus, qu'on forme un vaiſſeau de plomb, tel qu'on le vend au magaſin du plomb laminé à Paris, auſſi mince que du fer-blanc ; qu'on y mette de l'encre, dont le fonds eſt de vitriol, elle n'y mordra pas, j'en ai fait l'expérience au moyen d'une écritoire, que j'ai fait faire en 1745. & qui eſt encore comme le premier jour, depuis ſept ans que je n'ai ceſſé de m'en ſervir. On peut encore citer les cercueils de plomb, qu'on a trouvés très-peu endommagés, après plusieurs siécles, malgré l'humidité de la terre, & les eaux âcres & corrosives des cadavres qui s'y sont décomposés.

Si on a trouvé quelquefois que les auges des petits oiseaux en cage se sont percés après un certain tems; cela provient de deux causes, l'une que les petits oiseaux, à force de becqueter, peuvent avoir percé un plomb mince; l'autre, que leurs ordures ont des pointes salines, acides, âcres & corrosives, disposées à mordre un peu sur le plomb, ce que ne fait pas l'eau forte; celle-ci ne pouvant dissoudre ce métal, agit cependant sur l'argent qu'elle dissout parfaitement, quoique ce métal y soit toujours en partie intégrantes; c'est la conformation, la grandeur, ou la petitesse des pores des métaux, qui fait qu'une liqueur dissout celui-ci, & ne dissout pas celui-là, comme il arrive à l'or, que l'eau forte ne peut dissoudre, & qui a pour dissolvant propre l'eau regale, & celle-ci à son tour ne peut dissoudre l'argent.

Ainſi la vapeur du vinaigre diſſout le plomb, & le réduit en céruſe, mais l'eau commune froide, inſipide ſans acides, ne peut produire cet effet : il faut les acides du vinaigre combinés avec les parties métalliques du plomb, pour faire ce qu'on appelle *Céruſe*.

On a bien entendu dire à Paris, que trente Religieuſes ont été malades au même inſtant, & que pluſieurs perſonnes ſont mortes ſans remede preſque ſubitement, par l'effet cauſtique du cuivre; mais on n'a jamais entendu dire, que qui que ce ſoit ait été malade dans les hôtels, dans les communautés & dans les hopitaux, par l'effet des eaux repoſées dans les réſervoirs de plomb.

A l'égard de la ſoudure d'étain, il eſt inoui chez les perſonnes, tant ſoit peu inſtruites des choſes naturelles, qu'elles produiſent le verd-de-gris, qui n'eſt que la diſſolution & le fruit unique du cuivre : c'eſt dire que l'avoine jettée en terre va pouſſer des tiges de blé, que l'orge va produire du ſeigle, que les noyaux de ceriſe produisent la vigne, que les poules font des perdreaux & que les perdrix à leur tour font des poulets. L'absurdité est la même dans ces derniéres propositions que dans la premiére.

A la bonne heure que l'on dise que la soudure d'argent produit assez souvent le verd-de-gris aux piéces de vaisselle, attendu l'alliage du cuivre dans cette soudure ; mais qu'on ne dise pas sans réflexion, que l'étain produit le verd-de-gris, c'est-à-dire du cuivre. Si ce phénomene étoit réel, les Alchymistes pourroient esperer de trouver la pierre philosophale dans le cuivre. Si l'étain pouvoit se convertir en cuivre par le seul menstrue de l'eau, ceux-ci ne seroient pas si dignes de blâme, quand ils veulent convertir le cuivre en or ; mais on ne verra jamais ni l'un ni l'autre. Ceux qui ont dit l'avoir fait, ne sont que des imposteurs, & ceux qui le croyent & qui travaillent de bonne foi sur les enseignemens barbares des prétendus adeptes, ne sont que de riches curieux qui se divertissent au hazard, ou de pauvres duppes. On peut faire de l'or, mais la dépense excede le profit ; la metamorphose de l'étain en cuivre seroit bien mieux la pierre philosophale, attendu le plus haut prix du cuivre.

Je reviens au plomb, & je dis que pour se guérir toujours mieux de tout scrupule à son égard, il faut s'assurer par l'expérience. Faites former un vaisseau de plomb laminé de demi pied de diametre & de demi pied de profondeur, pesez-le très-exactement, emplissez-le d'eau de puits qui est plus visqueuse que l'eau de riviére ; huit jours après versez cette eau par inclination, pour ne pas détacher du plomb les viscosités de l'eau, qui se seront attachées à sa surface, remplissez-le d'une nouvelle eau & continuez cette manœuvre pendant deux mois, versez la derniere eau, comme les autres, doucement par inclination, vous trouverez au bout de ce tems-là les viscosités de cette eau qui se seront attachées à la surface intérieure du plomb ; portez-y la main, les viscosités seront un peu sensibles à l'attouchement, comme du ſavon; lavez enſuite ce vaiſſeau de plomb, eſſuyez-le & faites-le bien ſécher au ſoleil, peſez-le enſuite, vous trouverez le même poids.

Il n'y a pas de juge plus juſte que la balance; je conclus de-là que l'eau n'a pas diſſout le plomb; s'il y a eu diſſolution, & que la balance ne le diſe pas, il faut dire que ce ſymbole de la vérité a menti; mais cela ne ſe peut, il faut donc dire, comme dit la balance, qu'il n'y a pas eu de diſſolution, & que ſuivant toute apparence le plomb a, comme la pierre d'aimant à l'égard du fer, une force attractive, qui attire les viſcoſités de l'eau: celle-ci demeure donc plus pure dans le milieu, & encore plus par le moyen des filtres dans la partie de l'eau pure des nouvelles Fontaines.

Au reſte il ne faut pas ſe tourmenter l'eſprit ſur la diſſolution du plomb; à la longue tout perit dans la nature: ainſi ſuppoſez-la pour un moment, elle n'a nulle comparaiſon par ſa qualité & par ſa quantité avec celle du cuivre, ni avec toutes les autres dissolutions que l'eau fait sur la surface, ou dans les entrailles de la terre ; on peut dire même qu'elle dépose beaucoup plus de ces dissolutions dans les filtres d'éponges bien appliquées, qu'elle n'en acquiert dans les Fontaines de plomb, où elle séjourne très-peu.

Il ne faut pas s'arrêter non plus à la mauvaise odeur qui résulte du frottement du plomb ou de l'étain : on a fait encore cette objection, & il est bon de la détruire.

Tous les métaux, même l'or & l'argent frottés fortement avec un linge, se déchirent les uns plus, les autres moins ; on en voit noircir le linge qui donne des odeurs différentes, plus ou moins désagréables. Celle du cuivre porte au cœur, celle du fer rebutte plus que celle de l'or, de l'argent, du plomb & de l'étain : un couteau, une fourchette de fer malpropres, donnent une très-mauvaise odeur & un très-mauvais goût ; une fourchette d'argent sans alliage, ou d'étain pur mal-propres, ne donneront ni cette odeur ni ce goût, mais ſeulement le goût de la graiſſe, qui n'a pas été eſſuyée. Si on laiſſe cette fourchette d'étain ou d'argent, mal-propre pluſieurs jours, cette graiſſe ſe rancira & donnera l'odeur & le goût du rance; mais ce ne ſera ni l'odeur ni le goût de l'argent ou de l'étain, pourquoi ? parce que l'eau & la graiſſe ne peuvent diſſoudre ni l'étain, ni l'argent, ni conſéquemment ajouter à l'eau, ou à la graiſſe, leurs parties métalliques. Le fer au contraire ſe diſſout par l'eau qui ſuit toujours la graiſſe, & fait un compoſé de rouille d'eau & de graiſſe qui donne la mauvaiſe odeur & le mauvais goût, quoique ſans danger; à la différence des cuillers & fourchettes de cuivre jaune, qui outre l'odeur & le goût, encore plus mauvais, ſont dangereux de poiſon.

Ainſi l'odeur & le goût des métaux ne décident de rien pour la ſanté. Il n'en eſt aucun qui en le frottant ſente les lys & les roſes: en un mot, rien de plus indifférent pour la ſanté, ſi ce n'eſt la diſſolution, la couleur, l'odeur & le goût du cuivre, qui annoncent le poiſon, & qui ſouvent maſqués par des aromates, ſont dangereux de mort, ſuivant la doſe, ou de maladies inconnues, ſérieuſes ou de légeres indiſpoſitions, mais il n'eſt point de tempéramment, ſi fort qu'il ſoit, qui réſiſte à une certaine doſe.

Ceux qui, ſuivant leur goût, tiennent pour le fer étamé, auroient trouvé dans la Manufacture de quoi ſe ſatisfaire, au moyen des vaiſſeaux de fer blanc étamés, à l'épreuve de l'eau, ſecret, de tous le plus ſimple, que perſonne n'a encore trouvé. Le ſieur de Premery, qui a le privilége de cette excellente manufacture de fer battu à froid & blanchi, pour tous les uſtenciles de cuiſine, néceſſaires à la préparation des alimens ſur le feu, établie dans la *rue Baffroid, fauxbourg ſaint Antoine*, n'a pas le ſecret de garantir ſon fer de la rouille, tout comme on n'a jamais vû aucun Phyſicien qui ait enſeigné de défendre le cuivre du verd-de-gris. J'ai trouvé trois ſecrets d'étamage different, avec le feu, ſans feu, & ſans augmentation de poids considerable, pour défendre l'un & l'autre de la rouille, occasionnée seulement par l'eau commune froide. Ces étamages sont de beaucoup plus longue durée que les étamages ordinaires, pourvû qu'on ne rince les vaisseaux ainsi étamés, qu'avec une éponge, quand ils sont sales.

Mais la communauté des Ferblanctiers a cru, dès l'établissement de la Manufacture des nouvelles Fontaines, être fondée à faire saisir les vaisseaux de fer blanc, qui auroient été presentés au Public. Elle a même fait saisir tous les outils nécessaires à la construction des Fontaines de plomb, d'étain & de terre, même ceux qui ne sont pas de leur profession. Je poursuis l'audiance, les Ferblanctiers ne disent mot, parce qu'ils connoissent les dommages-intérêts qu'ils ont causés à la Manufacture & au public ; & dans cet état, je ne sçais point quand est-ce que je pourrai à cet égard faire travailler pour ceux qui demandent ces sortes de fontaines. Il y a tout lieu d'esperer de la justice des Magistrats souverains, qu'après que j'ai presenté à Messieurs les Commissaires, nommés par l'Académie, des vaisseaux de fer blanc étamés & plombés; au surplus que s'agissant ici d'un privilége exclusif, & d'une machine que l'Académie a déclarée nouvelle, nulle communauté n'aura le droit de s'immiscer dans sa construction, ni de défendre l'usage de quelque matiére que ce soit, nécessaire pour la commodité & la solidité requise, à l'avantage du public, pourvû que le fond des Fontaines, pour la salubrité de l'eau, soit de plomb, d'étain, ou de terre, suivant les jugemens de l'Académie.

Quel préjudice en effet porte la Manufacture, à la communauté des Ferblanctiers, en faisant ce qu'elle n'a jamais fait, & ce qu'elle ne sçait pas faire? Elle ne l'a jamais fait, le privilége exclusif lui impose & soumet ses membres à la saisie, s'ils veulent l'entreprendre; elle ne scait pas le faire, raison plus imposante: pourquoi par une injuste émulation vouloir priver une Manufacture de son bien, & le public d'une chose utile? Pourquoi ne pouvoir & ne sçavoir, & vouloir empêcher une Manufacture qui peut & qui sçait?

Ce ne sont pas les matiéres qu'il faut considerer dans les choses nouvelles, & dans les priviléges exclusifs; c'est le nouveau mécanisme, la nouvelle utilité, le nouvel art : ce sont les arts qui ont établi & restraint les Communautés dans leurs ouvrages particuliers, mais ce ne sont ni les matiéres ni les outils, qui sont communs à tous les arts; c'est l'art même & le genre de l'ouvrage, principalement nouveau.

La Communauté des Plombiers n'a pas empêché l'établissement de la Manufacture du plomb laminé, pourquoi? parce que le laminage, bien que pratiqué depuis long-tems en Angleterre, étoit une introduction en France, nouvelle & utile. Les Chaudronniers, les Plombiers & les Potiers d'étain, les Potiers de terre & les Fayanciers, qui peuvent faire des Fontaines de l'ancien mécanisme, en se servant des matiéres de leur profeſſion ; ne ſe plaignent pas de l'introduction des nouvelles Fontaines. Ils n'ont eu garde de faire des ſaiſies dans la Manufacture, & les Ferblanctiers, qui n'ont jamais fait des fontaines filtrantes en fer blanc, attendu la rouille & le dépériſſement de ce fer, plus hardis que les autres Communautés, ont prétendu avoir plus de droit que celles-ci, & à la faveur d'une interprétation mal entendue, pouvoir s'élever contre la force d'un privilége excluſif, & contre le ſentiment de l'Académie, autoriſé par le Roi & par la Cour.

Je vois bien que c'eſt l'opinion toute nue d'une Communauté, qui a fait ſaiſir ſans diſcernement, après le tumulte ordinaire dans une délibération. Les Ferblanctiers ne mettent péril en rien dans ces occaſions, témoin la ſaiſie qu'ils ont faite à la Compagnie des lanternes, qui a été déclarée nulle, par Arrêt de la Cour, avec dépens, dommages-intérêts.

Les Communautés bien réglées n'agiſſent pas ainſi, elles ne font ſaiſir qu'après des conſultations d'Avocats, où doivent être visées leurs Lettres patentes & celles des priviléges exclusifs, dont elles croyent être en droit d'arrêter l'exercice. Les maîtres Jurés dans ce cas, & les déliberans, ne sont pas garants des événemens ; le plus sage parti est même, après une consultation favorable, de ne venir que par opposition, pour ne pas courir le risque des dommages-intérêts d'une saisie toujours dangereuse, vis-à-vis d'un privilége exclusif.

Si les Ferblanctiers avoient consulté leur Avocat, ils auroient ruminé le vrai sens de l'Arrêt d'enregistrement ; le conseil les auroit fait appercevoir que le *plomb*, *l'étain* & la *terre*, ne sont nommés dans l'Avis de l'Académie, que pour la *salubrité* de l'eau, mais que les autres matiéres nécessaires en dehors pour la solidité, ne sont pas prohibées à la Manufacture : par exemple l'Arrêt ne parle pas du *bois*, mais il en permet nécessairement l'usage, puisqu'il se réfere à l'avis de l'Académie, dont la teneur se trouve dans le vû des piéces, où il est dit, que *l'Auteur a renoncé aux batteaux à filtration, dont il a transporté plus utilement le mécanisme dans ses Fontaines.* Or les *batteaux* sont de *bois*, & si la Cour ne parle pas expressément du *bois*, elle en parle donc implicitement.

Par la même raison, la Cour n'a pas prohibé à la Manufacture l'usage du fer blanc, qui devient nécessaire à la construction des Fontaines militaires; mais à plus forte raison quand, indépendamment du mécanisme d'une machine nouvelle, la Manufacture s'en sert encore d'une façon nouvelle, en le défendant de la rouille, pour le service du Roi & du public.

Le conseil des Ferblanctiers leur auroit fait entendre encore, que les *Plombiers*, les *Potier d'étain, de fayance & de terre*, en droit de fabriquer des Fontaines ordinaires, n'ont pas été dans l'esprit de la Cour, de pire condition qu'eux; que si les matiéres de ceux-ci sont permises à la Manufacture des nouvelles Fontaines, avec le titre exclusif du nouveau mécanisme, à plus forte raison le *fer blanc*, qui eſt la matiére d'une Communauté, qui n'a jamais fait de fontaines filtrantes, ni même pu faire ; attendu le défaut du fer ſujet à la rouille, en ſortant de la main des Ferblanctiers ; que la Cour, toujours très-juſte dans ſes Jugemens, ne donne pas lieu à des jalouſies, ſans raiſon & ſans néceſſité, par des prédilections injuſtes ; en un mot, que ce ſeroit un crime de faire penſer les premiers Magiſtrats du Royaume, d'une façon ſi étrange, & un attentat à leur autorité dans ces circonſtances, de faire ſaiſir ſans prendre au moins la voye de l'interprétation, au moyen d'une ſimple oppoſition, avant toute œuvre.

Mais les Ferblanctiers n'ont pris aucune de ces voyes ; ils n'ont conſulté ni la juſtice, ni la raiſon, mais ſeulement eux-mêmes & leur jalouſie, ſans aucun intérêt. Prétendent-ils donc que je ſois venu pour eux de l'extrémité du Royaume ? que pour eux j'aie quitté mon état, prodigué mon bien & ma ſanté, que je me ſois endetté pour leur donner ce qui eſt dû à plus juſte titre à mes créanciers ; en un mot qu'après des travaux & des maux immenſes, j'aye obtenu pour eux le privilége d'une Machine nouvelle? Veulent-ils que les ouvriers de la Manufacture perdent leur tems à ſe promener chez eux, pour leur faire entendre & exécuter les différens vaiſſeaux néceſſaires ? veulent-ils que la Manufacture achette d'eux pour revendre au public ? de-là ne prendroient-ils pas occaſion de travailler pour eux-mêmes, & de vendre clandeſtinement au premier venu, qui ſeroit trompé par les défauts de proportion, & par le vice d'un fer blanc ſujet à la rouille, & au dépériſſement dans quatre jours ?

Ou ſeroit maintenant le privilége excluſif de la Manufacture des nouvelles Fontaines ? qui ne voit que ce ne ſeroit plus qu'un être de raiſon, un titre vain & illuſoire, un véritable jeu d'enfant, qui n'auroit jamais pu ni du faire l'objet d'un Arrêt d'enregiſtrement, acte cependant des plus authentiques, & des plus reſpectables, puiſqu'il s'y agit de la volonté du Roi, des lumiéres & de l'autorité de la Cour, & de l'utilité publique.

J'ai cru ne pouvoir me dispenser de faire ce détail aux personnes de distinction, qui demandent journellement des vaisseaux de fer blanc à l'épreuve de l'eau, j'ai donc l'honneur de leur dire ici, que jusqu'à la décision, la Manufacture a les mains liées. Les maîtres Jurés des Ferblanctiers sont bien venus, après la saisie, offrir à la Manufacture la restitution des outils saisis ; mais ce n'est point assez, il faut l'indemniser, tout au moins il faut, comme ils l'ont dit eux-mêmes, lors de leur saisie, en avoir le cœur net, c'est-à-dire avoir la décision de la Cour, qui mettra dans la balance le droit des parties : ce ne sera qu'alors, & dans le cas d'un jugement favorable, que le public pourra se satisfaire à l'égard des fontaines de fer blanc étamé à l'épreuve de l'eau.

Mais revenons à la dissolution des Métaux par le menstrue de l'eau ; je dis que l'eau ne dissout que le cuivre

& le fer. Le danger eſt dans l'eau cuivreuſe, & la ſanté eſt dans l'eau ferrugineuſe. L'eau cuivreuſe ſouvent ſoutirée d'une Fontaine de cuivre n'a point de goût, elle en eſt d'autant plus à craindre. L'eau ferrugineuſe, également ſoutirée d'une Fontaine de fer, n'a encore point de goût; celle-ci eſt auſſi ſaine que l'autre eſt dangereuſe de poiſon : ainſi ce n'eſt que le ſéjour qui fait appercevoir du goût & de l'odeur.

Ou eſt donc le riſque des Fontaines de plomb ou d'étain, qui réſiſtent au menſtrue de l'eau? Le long ſéjour de cette eau, ou l'inattention de l'en ſoutirer aſſez ſouvent, pourra bien lui communiquer du goût & de l'odeur, comme elle en acquerra, dans tout autre vaiſſeau, ſoit par elle-même, c'eſt-à-dire, par ſa diſpoſition naturelle à la corruption, venant des corps hetérogenes qu'elle contient, ſoit par la fermentation de la vaſe & des filtres, quels qu'ils ſoient; mais nulle diſſolution du plomb, encore moins de l'étain qui eſt plus dur, ou diſſolution ſi imperceptible,

ceptible, qu'elle ne mérite aucune attention. Elle ne trouve dans les livres de Messieurs les Médecins aucune histoire, je ne dis pas tragique, mais la moins suspecte, en ce qui concerne l'eau commune, froide & insipide. Nul exemple, nulle famille qui s'en soit plainte, elle a pour garant de son innocence, comme je ne sçaurois trop le répéter, l'usage universel de toutes les nations de l'Europe. L'eau séjourne même long-tems dans de grands réservoirs de plomb, dans les Communautés Religieuses, dans les Hôpitaux & dans plusieurs hôtels, même chez les Princes & Princesses du Sang, dont la santé beaucoup plus précieuse a exigé encore plus d'attention de la part de Messieurs les Médecins de leurs Altesses Sérénissimes, qui reçoivent l'eau de la pompe de Notre-Dame, ou de la riviére d'Arcueil. Elle vient dans ces réservoirs par des tuyaux de plomb, qui forment comme une claye sous tous les pavés de Paris, de Londres & de toutes les Capitales des Royaumes de l'Europe : préjugés bien frappans, & qui ne laiſſent aux critiques ignorans que l'eſpoir inutile de faire tomber les nouvelles Fontaines de plomb, contre la déciſion de l'Académie & la pratique des Princes du Sang, des Grands, des Communautés, & de tous les Magiſtrats politiques dans toutes les villes du monde.

Maintenant où eſt l'exemple des accidens que ces eaux ont produit ; ſi ce n'eſt des eaux elles-mêmes, qui de leur nature ſont imprégnées de mauvais principes en certains pays ? Mais où eſt la ſageſſe de celui qui dit : *Je ne veux pas de ces eaux qui paſſent par des tuyaux de plomb*, & qui envoyant prendre ſon eau à la riviére, la fait paſſer enſuite & ſéjourner dans une fontaine de cuivre, & de celle-ci dans une autre, c'eſt-à-dire, dans deux mines de cuivre, comme ſi une ſeule ne ſuffiſoit pas aſſez ſouvent pour empoiſonner l'eau ?

Au reſte ne donnez pas dans le piége de ceux, qui perſuadés de la ſalubrité du plomb par l'uſage univerſel, ſe ſont aviſés depuis l'établiſſement de la Manufacture, de faire garnir leurs Fontaines de cuivre intérieurement de plomb laminé. Rien n'est plus dangereux ; la moindre fuite d'eau au travers de la soudure ou du plomb, va remplir insensiblement tout l'espace qui se trouve entre le vaisseau de plomb & celui de cuivre, & vous auriez alors beaucoup plus de verd-de-gris, qui se communiqueroit à l'eau, tant qu'enfin le vaisseau, ou surtout de cuivre, se convertissant tout entier en rouille, se cribleroit de par-tout : une fontaine de cuivre ordinaire, simplement étamée, quoique très-dangereuse, l'est infiniment moins qu'un pareil vaisseau garni de plomb laminé.

Ce n'est pas que je ne puisse éviter ce danger. En faisant construire les Fontaines suivant le mécanisme de la Manufacture, je ferois former des vaisseaux de cuivre à l'épreuve de l'eau commune, froide ; mais à quoi bon multiplier la dépense ? Un surtout de bois ne vaut-il pas mieux, pour se donner un meuble à moins de frais dans une cuisine, dans un office, dans une sale à manger, dans une garderobe ? &c.

On ne finiroit jamais ſi on vouloit corriger les inventions ſubites, & qui n'ayant pas été méditées de loin, ne peuvent être que des illuſions & de nouvelles ſources d'abus. Ceux qui ne veulent point céder aux nouveautés bien digerées, élevent ſouvent des queſtions qui ne ſont pas de leur compétence; & tout cela ne vient que de ces nouveautés elles-mêmes, qui ſont toujours la ſource de mille objections hazardées ſans réflexion : par exemple, on dit qu'un ange de lumiére eſt deſcendu de ſa gloire pour en acquérir, encore davantage. Que ce ſoit à prix d'argent, ou jaloux de paſſer pour le Prince des Mécaniciens, c'eſt ce que je ne ſçais pas, mais on dit confuſément qu'il veut ſe donner pour l'antagoniſte de l'Académie, & qu'il vole par-tout pour combattre ſes déciſions. Ne vous laiſſez pas éblouïr, examinez-le bien, ce ne peut être qu'un charlatan, qui brille peut-être heureuſement de lueurs empruntées. S'il ſoutient que l'éponge ſe diſſout dans l'eau, & que ſa diſſolution peut causer des obstructions dans les reins ; accordez-lui la premiére partie de l'argument, il ne gagnera pas grand chose ; l'eau elle-même n'est qu'une dissolution de terre, c'est une terre liquefiée ; on a découvert en multipliant les distilations, qu'elle s'est réduite à un peu de terre. Les glaces après plusieurs siécles s'appierrissent, de-là vient le crystal de roche : en un mot l'Auteur de la nature n'a pas voulu nous donner une eau divine, pour nous rendre immortels, mais seulement une eau terrestre, & des alimens terrestres, parce qu'il a voulu que la terre nous reconduise à la terre ; nous ne sommes, & nous ne venons nous-mêmes que d'une eau terrestre, & ce seroit chercher l'impossible, que de vouloir une eau pure de tout corps étranger, puisqu'elle n'est elle-même qu'un assemblage de dissolutions.

Il est vrai que cet assemblage forme un tout parfait dans l'ordre de la nature, pour l'usage destiné au soutien de la machine humaine ; il est vrai encore que cet assemblage perd fouvent de fa perfection, par les diffolutions qu'il fait des mauvais corps qu'il touche, voilà pourquoi il y a tant de mauvaifes eaux, quoique limpides, & tant de bonnes eaux, qui bien que limpides encore, contiennent un fin limon, ou font fi chargées de boue ou de vafe, qu'on ne peut en faire ufage, fans les faire filtrer.

Il n'eft donc queftion que du filtre, mais il n'en a été aucun jufqu'ici, qui n'ait été plus diffoluble que l'éponge : la laine, le coton, le linge, le taffetas, le papier gris, les pierres poreufes & le fable ordinaire, tous ces filtres fe décompofent dans l'eau infenfiblement beaucoup plus que l'éponge : les nouvelles Fontaines reçoivent cependant tous ces filtres dont le choix eft laiffé au public.

Quant à moi, je dis que l'éponge emporte la préférence ; je m'arrête à l'expérience qui dit, que les Fontaines fablées, dans les tems où la Marne verfe fon limon dans la Seine, ne donnent très-fouvent qu'une eau blanchâtre & favoneufe. Je m'arrête à l'expérience, qui me dit encore que les fontaines ſablées, quand on a lavé le ſable, ne donnent pendant pluſieurs jours qu'une eau purgée du gros limon, à la différence des nouvelles Fontaines, qui après les éponges & le ſable lavés, donnent belle eau dès le premier jour. Enfin je m'arrête au ſens commun, qui me dit que la diſſolution imperceptible de l'éponge tombe dans les infiniment petits, vis-à-vis du limon fin, que l'ange de lumiére ne voit pas, & qu'il boit ſans faire attention que la principale ſource des obſtructions vient beaucoup mieux du fin limon, que d'un atome d'éponge plus petit que ceux de l'air, qui ſe jettent encore en foule dans ſon verre quand il le porte à ſa bouche.

Si l'ange de lumiére veut encore d'autres preuves du ridicule où il s'expoſe, il faut lui en donner : ce ſont les déciſions de pluſieurs buveurs d'eau, qui préferent l'éponge à tout autre filtre ; ce ſont ceux de pluſieurs Seigneurs & Dames, qui ſe reconnoiſſent d'une meilleure ſanté depuis qu'ils font usage des nouvelles Fontaines, entre autres d'un Seigneur, que je ne nomme point par respect, mais qui assurement réunit en lui la naissance & la probité la plus scrupuleuse, un grand amour pour la vérité, pour le bien public, & un excellent jugement : ce Seigneur, dis-je, a été taillé dans sa jeunesse ; le grand regime de vie le laissoit joüir d'une assez bonne santé, mais il étoit sujet à des gravelles, & quelquefois à de grandes douleurs de reins, principalement quand il étoit de résidence à une de ses terres, où les eaux ne sont pas des meilleures. Il me fait l'honneur maintenant de m'écrire qu'il ne ressent plus aucunes douleurs, qu'il urine facilement, que ses gens, qui y étoient assez souvent malades, & lui-même, se portent au mieux ; en un mot qu'il ne pourroit pas vivre sans l'invention des nouvelles Fontaines.

Ainsi vous pouvez nier la ridicule conséquence de l'ange de lumiére, qui est que la dissolution de l'éponge, qu'il faut regarder comme une unité, est plus nuisible que le fin limon & les atomes de l'air, qu'il faut considerer comme des milliards. Vous allez vous en appercevoir encore mieux, en suivant le raisonnement que je fais ici.

Demandez d'abord à cet ange de lumiére, s'il connoît les resforts des reins, leur substance, leur fonction, la route des alimens solides & liquides, & ce que c'est que *Glandes conglomerées* & *Glandes conglobées*. Si vous lui donnez du tems pour l'aider à soutenir le rolle d'ange de lumiére, il aura recours à un livre d'Anatomie, il vous enchantera par des sophismes, s'il est capable de raisonner après avoir lû. Si vous ne lui donnez pas le tems, il ne répondra rien, ou pris dans l'instant, il sera forcé de convenir qu'il n'est qu'un ignorant travesti, ou peut-être qu'il connoît machinalement d'autres ressorts que ceux du corps humain; vous pourrez alors lui répondre qu'il sort donc de sa sphére, en voulant décider d'une chose qu'il ne connoît pas.

Demandez-lui ensuite si n'ayant aucune connoissance de Physique ni d'anatomie, ou ne pouvant en donner des preuves solides, il est en droit de blamer les décisions de l'Académie, & des plus fameux Médecins, qui connoissent l'anatomie du corps humain mille fois mieux que lui, & qui font usage des nouvelles Fontaines, & du filtre de l'éponge, préférablement à tout autre; il vous répondra, à ce qu'on dit, qu'il s'est apperçu avec un *bon Microscope*, que l'eau filtrée au travers de l'éponge contient quelques *petits filaments* de cette éponge, & qu'il croit que ces *filaments* peuvent obstruer les reins; demandez-lui alors s'il pense que sa croyance soit une décision & une démonstration parfaite; s'il répond hardiment qu'oui, c'est là un ton bien fort & bien haut; mais il est faux, parce qu'il ne s'accorde pas avec la game de l'Académie & de Mrs. les Médecins.

Quand on veut élever des questions nouvelles sur un point d'anatomie, ce n'est pas peu de chose, après tant d'habiles anatomistes, qui ont travaillé sur cette matiére, il ne suffit pas de regarder l'eau, ou les alimens qui entrent dans le corps humain, avec un bon Microscope, je ne vois là d'autre différence que celle qu'il y a entre deux personnes qui passent sur le Pont Royal, dont l'une avec des yeux perçans, distingue clairement l'heure au cadran de la Samaritaine, & l'autre ne distingue que confusément les carrosses qui passent sur le Pont. Dans les choses naturelles, comme l'eau & le corps humain, les microscopes sont des yeux naturels, dont les ignorans & les vrais Philosophes se servent également. Un enfant, un illitéré, qui du Pont Royal voit les chiffres & l'aiguille au cadran de la Samaritaine, n'en sçait pas davantage, parce que le vrai microscope lui manque, c'est-à-dire l'intelligence des chiffres : ainsi dans la question présente il faut non - seulement connoître l'eau & les différentes natures des alimens, mais encore la structure du corps humain, pour le moins, avant que de se donner au public pour le premier connoisseur, même au-desfus de l'Académie, & de Mrs. les Médecins, il faut connoître leurs principes, s'instruire dans leurs livres & voir s'ils ont erré.

Quant à moi j'ai pris ce parti ; j'ai lû dans les meilleurs auteurs que l'eau la plus épurée est la plus légère & la plus saine, pourvû qu'elle soit exempte de principes vitrioliques, pétrifians, & tous autres, mauvais en soi, qui par leur division ne l'empêchent pas de paroître limpide. Pour éviter de deux maux le pire, j'aimerois mieux boire l'eau de la Seine blanchâtre & savoneuse, qu'une eau très-limpide, qui auroit les principes que je viens de dire, pourquoi ? parce que le gros limon ne passe pas dans le sang, il reste dans le marc des alimens: l'Auteur de la nature y a pourvû par des ressorts bien différens de ceux que les hommes ont imaginé depuis plusieurs siécles, & qui bien que toujours les mêmes, sont reproduits tous les jours dans mille ouvrages inutiles, que la nécessité enfante.

Je crains donc beaucoup moins les atomes que je vois dans l'eau, que ceux que je n'y vois pas. Ceux que j'y vois voltiger ſont infiniment plus gros, qu'un grain de fin limon, & ſuivent le marc des alimens, comme étant trop gros pour s'échapper au travers des filtres de l'homme, & s'y arrêter. Les grains du fin limon encore, dont un ſeul ne ſeroit pas même viſible avec un microſcope, reſte auſſi dans le marc des alimens, ſans pénetrer les filtres. Les ſept 8iemes. de Paris, qui boivent l'eau de la Seine blanchâtre preſque toute l'année, ſont moins incommodés que ceux qui ſont uſage de l'eau pétrifiante d'Arcueil, quoique très-limpide; je ne dis pas cependant que l'eau blanchâtre de la Seine, purifiée au travers du ſable des fontaines de cuivre, ſoit abſolument ſaine, abſtraction faite du verd-de-gris: je dis ſeulement que le fin limon, dans la digeſtion des alimens, ne permet pas au ferment de l'eſtomac de produire un chyle ſi louable, & que non-ſeulement les reins, mais tous les viſceres ſe reſſentent quelquefois du vice, que le ſang reçoit d'un chile un peu dépravé, par la diſſolution infinie du fin limon & des principes terreſtres, qui ne ſont pas de la nature des alimens : de-là naiſſent différentes maladies, dans les tempéramens délicats, mais c'eſt maladie du ſang, & non obſtruction des reins, tout ſimplement & tout court, parce que tous les autres viſceres & toutes les glandes ſervant de filtre au ſang, peuvent dans ce cas s'obſtruer : c'eſt alors le défaut du ſang, c'eſt la diviſion infinie que le ferment de l'eſtomach a fait du fin limon, qui a paſſé dans le chyle, & du chyle dans le ſang, & il en eſt de même de tous les alimens terreſtres, dont l'uſage peut produire le même effet, & qui eſt plus ou moins nuiſible, ſuivant la différence des tempéramens plus forts ou plus foibles : revenons au ſyſtême de l'ange de lumiére, je dis que ce n'eſt pas le *Microſcope* qui doit être le tuteur des reins ; je crains beaucoup plus ce que je ne vois pas dans une eau très-limpide, qui contient un principe vitriolique pétrifiant ou terreſtre. Je ne crois pas qu'aucun filtre puiſſe retenir le vitriol ; la diviſion eſt trop grande; mais je puis affirmer par expérience que les eaux pétrifiantes & terreſtres s'épurent dans les filtres d'éponges répetés ; je m'en rapporte là deſſus à ce que j'ai dit dans l'Extrait dont j'ai parlé, 2. part. ſom. 3. & ſuiv.

Ainſi l'ange de lumiére feint de craindre ce qu'il voit avec ſon *bon microſcope*, & moi au contraire je crains ce que je ne vois pas de mes yeux : troc pour troc, j'aime mieux la préſence de quelques atomes viſibles d'éponge, que des millions de parties intégrantes de pierre ou de terre que je ne vois pas. Si le filtre de l'éponge ne retient pas tout abſolument, je ſçais du moins que j'ai beaucoup retenu quand je vois ſalir une eau limpide, en faiſant laver les éponges, après trois mois de filtrage continuel. J'aime mieux encore voir diminuer les éponges d'un ou deux gros en cinq ans, que de voir diminuer le ſable de la riviére de huit ou dix livres peſant : je crois donc avec fondement, que l'obſtruction dans les reins eſt infiniment plus à craindre de la part du fin limon inviſible, & de la diſſolution inviſible du ſable & des pierres poreuſes, que de la très-petite diſſolution de l'éponge, dont les prétendus *filamens* ſuivent bien mieux le marc des alimens.

L'ange de lumiére ne parle donc qu'au hazard de ſon *bon microſcope*; quant à moi, je me fie à quelque choſe de mieux. J'ai vû dans le Collége ou j'ai fait mes études, trois anatomies de chiens vivans; mais quoique j'euſſe aſſez retenu la digeſtion des alimens, & la route des liqueurs dans les reins, je me ſuis méfié, avec raiſon, de ces légères teintures qu'on ſe donne dans les claſſes; & pour me bien aſſurer, non-ſeulement j'ai été voir les démonſtrations de la partie d'anatomie dont il s'agit ici, mais j'ai conſulté les livres d'anatomie les plus modernes, qui apprennent à quiconque ſçait lire, que les reins ſont deux *glandes conglomerées*, d'environ cinq ou ſix travers de doigt de longueur, ſur trois de largeur & un demi d'épaiſſeur. Cette ſubſtance des reins eſt pénétrée par des vaiſſeaux qui leur fourniſſent, & par d'autres qui en rapportent: ceux qui fourniſſent aux reins ſont les arteres & les nerfs; ceux qui en rapportent ſont les veines, tant ſanguines que limphatiques, & les deux ureteres ou les conduits excréteurs des reins, dont le volume ordinaire eſt à peu près comme un tuyau de plume.

Quant à l'uſage des reins, ils ſéparent de la maſſe du ſang cette liqueur *excrémentitielle*, que l'on nomme urine: l'urine paſſe enſuite dans des mammellons, où elle eſt reçue par les petits entonnoirs qui les embraſſent & enfin dans le baſſinet qui s'en décharge par les ureteres dans la veſſie. Examinons maintenant ſi les arteres & nerfs qui fourniſſent aux reins, peuvent leur fournir des filamens d'éponge; il faut pour cela avoir recours à la digeſtion & à la route des alimens ſolides & liquides. Je commence par le ventricule, appellé communément *l'eſtomach*, & par les *inteſtins*, comme premiers préparateurs des liqueurs qui fourniſſent aux reins, & je me réduis, pour la brieveté, à la quinteſſence de ce que j'ai vû, & qui a du rapport au ſyſtême de l'ange de lumiére. Le ventricule eſt un ſac membraneux, dont la figure approche aſſez à celle d'une cornemuſe, ayant un fond & des orifices : ce ſac membraneux prête fort aiſément; ordinairement il contient 5. pintes de liqueurs, on a cependant vû des eſtomachs en contenir juſqu'à 9. pintes.

La ſubſtance du ventricule eſt compoſée de pluſieurs membranes, ou tuniques. La plus extérieure eſt une continuation du péritoine, qui contient les inteſtins, le ventricule, le foye, la ratte, &c. La ſeconde eſt muſculeuſe, elle eſt faite de pluſieurs plans, que l'on peut diſtinguer en trois. Le plus extérieur a ſes fibres longitudinales, qui s'étendent d'un orifice à l'autre : le ſecond plan a ſes fibres plus fortes que celles du plan extérieur. Ces fibres ſont nommées circulaires, parce qu'elles embraſſent toute la rondeur de l'eſtomach, mais étant examinées avec ſoin, on trouve qu'elles sont plutôt des segmens de cercles, qui s'unissent d'espace en espace, que des cercles entiers. Elles forment sur le grand cul-de-sac de ce viscere comme une espéce de tourbillon, dont le centre est sur le milieu du cul-de-sac. Le troisiéme plan, dont les fibres sont obliques, se trouve situé entre les deux premiers; il forme sur l'orifice supérieur du ventricule deux trousseaux particuliers, en forme de bandes, qui entourent cet orifice, en se croisant, tant sur la partie antérieure, que sur la postérieure.

La troisiéme tunique de l'estomach est appellée nerveuse; elle est faite d'un tissu assez serré de plusieurs fibres très-fins, qui se croisent obliquement.

La quatriéme tunique est appellée *veloutée*; on y découvre un grand nombre de petits trous, qui répondent à autant de petites glandes cachées derriére, qui fournissent la limphe stomachale, ou le *suc gastrique*. Ces deux derniéres membranes font un pli particulier, que l'on nomme communément la *valvule* du *pylore*,

& qui laiſſe dans ſon milieu une ouverture pour la ſortie des alimens ſolides & liquides, qni ſont dans l'eſtomach.

Voilà donc un ſac bien travaillé par l'Auteur de la nature; les filamens d'éponge y ſont encore priſonniers, voyons comment ils peuvent aller obſtruer les reins. L'ange de lumiére s'eſt peut être imaginé que l'eau va tout d'un trait ſe repoſer ſur les reins, pour s'y filtrer; mais il ſe trompe bien, càr il faut maintenant qu'elle paſſe avec les alimens dans les inteſtins, qui ſont diſtingués en *greſles* & en *gros*, au nombre de ſix, & qui ont, comme l'eſtomach, pluſieurs tuniques, ſçavoir, la membraneuſe la premiére, la cellulaire la ſeconde, la charnue la troiſiéme, la vaſculeuſe la quatriéme, la nerveuſe la cinquiéme & la veloutée la ſixiéme.

On obſerve ſous la tunique charnue un réſeau merveilleux, formé par les ramifications d'un grand nombre de vaiſſeaux, tant ſanguins que nerveux, & limphatiques: c'eſt ce réſeau qui compoſe la tunique vaſculeuſe. La tunique nerveuſe ſe trouve compoſée de pluſieurs filets blancs, qui paroiſſent tendineux, & qui ſe croiſent obliquement les uns les autres.

M. Helvétius a découvert par le moyen de la macération, que la membrane ou tunique veloutée, a un très-grand nombre de *mammelons ſpongieux*, dont la plûpart ſe trouvent applatis.

Ces deux derniéres tuniques forment dans la cavité des inteſtins greſles, pluſieurs replis ou valvules en forme de croiſſant.

Ajoutons aux inteſtins des arteres, des vaiſſeaux ſanguins & limphatiques, & des glandes ; pour ne pas entrer dans le détail ennuyeux des noms particuliers de toutes ces choſes, venons à leurs fonctions, pour la digeſtion des alimens ſolides & liquides.

Les alimens ayant ſéjourné quelque tems dans l'eſtomach, y ſont réduits en une pâte molle & griſâtre, dont le goût & l'odeur tire ordinairement ſul'aigre.

L'opinion la plus généralement reque sur la cause de ce changement, est qu'il dépend non-seulement de la salive, qui coule continuellement par l'œsophage, mais encore de la liqueur *gastrique*, fournie par les glandes de l'estomach.

L'expérience prouve que ces liqueurs ne sont pas simplement aqueuses, mais chargées de parties actives & pénétrantes, dont l'action ne se borne pas aux molécules, ou parties intégrantes des alimens, elle s'étend encore plus loin, & va jusqu'aux parties essentielles, ou principes mêmes qui les composent, & dont elle change l'arrangement naturel. Par cette décomposition, les alimens comme les liqueurs, l'eau, le vin, les bouillons, &c. changent de nature, & ne sont plus après la digestion ce qu'ils étoient auparavant.

A mesure que la division des alimens augmente dans le ventricule, ce qui se trouve de plus atténué s'en échappe par le *pylore*, dans le *duodenum*, qui est le premier des boyaux gresles.

Cette pâte molle & grisâtre, en laquelle les alimens sont changés dans l'estomach, étant dans le *duodenum*, s'y mêle avec la *bile*, le *suc intestinal* & le *pancreatique* qu'elle y trouve; par ce mélange elle acquiert une nouvelle perfection; elle devient blanche, douce, liquide, & étant pressée par le mouvement vermiculaire des intestins, & roulant lentement dans leur cavité, à cause des valvules qui s'y rencontrent, elle laisse échapper dans les orifices des veines lactées ce qu'elle contient de plus subtil & de plus épuré, sçavoir le *chyle*, qui doit servir à réparer ce que nous perdons par les évacuations.

On conçoit aisément que la matiére de la nourriture, ou cette pâte alimentaire, ayant parcouru toute l'étendue des intestins grefles, & s'étant dépouillée dans son chemin de ce qu'elle contenoit de plus fluide & de plus épuré, elle doit devenir plus épaisse, à mesure qu'elle passe dans les gros intestins; ce n'est plus alors qu'une matiére grossiére, que l'on peut regarder comme le marc des alimens, ou il faut, avec la permission de l'ange de lumiére, placer les prétendus *filamens* d'éponge, vrais ou prétendus, ce qui est assez indifférent; car comme la pâte alimentaire ne fournit pas son marc aux orifices des veines lactées, quoique ce marc soit beaucoup plus divisé que les filamens d'éponge, à plus forte raison ces filamens restent dans le marc comme une infinité d'autres filamens, ou parcelles de nerfs, de son, de fruit, de légumes souvent mal digerés, de laine, de linge, de bois de terre, de sable & de tous les atomes de l'air.

Voilà le chyle qui est la production des alimens solides & liquides; il a encore bien du chemin à faire pour parvenir aux reins, & séparer l'urine du sang.

Ce chyle s'insinue dans les orifices des *veines lactées*, qui répondent, suivant M. Helvétius, dans les mammelons spongieux de la tunique *veloutée*, il va se rendre dans les glandes *conglobées*, répandues dans toute l'étendue du *mesentere*, ayant traversé ces glandes il enfile la route des veines lactées secondaires, pour se décharger

charger dans le réservoir de *pequet* & dans le *canal thorachique*, & se rendre ensuite dans la *veine souclaviére*, où s'étant mêlée avec le sang qui y circule, & circulant avec lui, il en acquiert peu à peu le caractère & les propriétés, en un mot se convertit en véritable sang. Ce sang après plusieurs circulations réiterées doit changer encore de nature, & former les différentes humeurs qui s'en séparent, c'est-à-dire la *limphe nourriciére*, la *salive*, la *bile*, *l'urine*, &c.

Les glandes conglomerées sont destinées à cette opération, elles séparent du sang les différentes humeurs qui s'y trouvent confondues, comme le foye qui sépare la bile, les parotides qui séparent une partie de la salive, les reins qui séparent l'urine.

Si l'ange de lumiére avoit bien pensé, il ne s'en seroit pas tenu seulement à l'obstruction des reins, par les filamens de l'éponge, il auroit attaqué toute la masse du sang, qui fournit à toutes les glandes conglomerées & conglobées, mais il n'auroit pas plus avancé, parce qu'il faut s'arrêter aux orifices des veines lactées, qui reçoivent le chyle, & non le marc des alimens bien ou mal digerés.

Il ne faut qu'une lueur de conception, pour sentir que si tout le marc des alimens reste dans les boyaux & va de l'un à l'autre, à plus forte raison les filamens prétendus d'éponge. La limphe œsophagienne & le suc gastrique divisent infiniment mieux les alimens qu'ils ne divisent ces prétendus filamens; l'action de la limphe & du suc gastrique n'est pas faite pour ce qui n'est point aliment en soi; un filament de bois, de linge, de plume, de coton, ou de laine, demeureront sans atteinte, ou en souffriront très-peu: il en est de même d'un filament d'éponge, qui résiste également à l'action de la limphe & du suc gastrique, parce que ce filament n'est pas de la nature des alimens, conséquemment il reste dans le marc.

Pour vous convaincre encore mieux voyez l'anatomie d'un mouton, d'un cheval & autres quadrupédes: malgré la mastication, qui se fait dans leurs bouches, du foin de la paille & de l'avoine, malgré la limphe & le suc gastrique, leurs alimens cependant ne sont pas si divisés, que le marc se réduise en entier étant sec en une poudre impalpable : on trouve au contraire, que les trois quarts de ce marc, quand il est sec, ne sont qu'un assemblage de petits filamens de foin, de paille, ou d'avoine, qui ont échappé à la mastication, & au ferment de leur estomach : cependant il en est de même dans ces animaux que dans l'homme, le chyle est dans eux, comme dans nous, la partie la plus subtile & la plus épurée, qui passe au travers des orifices des veines lactées, sans que le marc, qui n'est qu'un amas de petits filamens, ni même ce qu'il y a de plus divisé, passent avec le chyle dans les orifices des veines lactées : ce n'est que le suc & la quintessence du foin, de la paille ou de l'avoine, mêlés avec les liqueurs différentes du cheval, par exemple, qui forment son chyle. Ce n'est que celui-ci tout pur qui passe dans les orifices des veines lactées ;

ce ſont là des portes, où l'Auteur de la nature a, pour ainſi dire, mis des gardes qui ne laiſſent rien paſſer qui ne ſoit diviſé : ces orifices ont une ſorce expulſive, qui rejette tous les molécules, ou parties intégrantes des alimens digerés, ou mal digerés ; s'il en étoit autrement, il s'enſuivroit donc que l'Auteur de la nature auroit manqué d'habileté, ou de prévoyance, en laiſſant paſſer dans le ſang ce qui lui eſt étranger, comme le marc des alimens, qu'il faut bien diſtinguer du ſuc, bon ou mauvais, de ces mêmes alimens bons ou mauvais. Cette force expulſive ſe voit dans les autres viſcéres, où il y a des vaiſſeaux excrétoires & ſécrétoires, pour ſéparer du ſang les différentes humeurs qui s'y trouvent confondues, par exemple, le ſang contient en lui la bile, la ſalive, l'urine, &c. Or ce ſang venant à rencontrer les reins, il n'y a que l'urine qui s'en ſépare & qui paſſe. La bile, la ſalive & toutes les autres liqueurs, ont leurs glandes ou filtres à elles propres ; mais comment ſe fait ce miracle, que de pluſieurs humeurs, aussi atténuées & aussi divisées les unes que les autres, celles-là passent & non celles-ci? on sent bien l'habileté de l'ouvrier, qui se distingue sur les habiles Machinistes de ce bas monde: voici cependant comment se fait ce miracle, sans que la démonstration puisse servir à l'homme pour le copier.

Chaque viscere, dont le vaisseau secrétoire est garni en dedans d'un *velouté*, d'une espéce de *duvet* ou de *bourre*, se trouve imbibé dès sa premiére conformation, de la liqueur qui lui est propre, & ne laisse passer que cette liqueur, tout comme un papier gris, ou un drap imbibé d'huile, ne laisseront passer d'un mélange d'eau & d'huile, que l'huile seule. Il en est de même à l'égard des orifices des veines lactées, qui sont le premier récipient du sang: elles ne laissent passer que le chyle travaillé dans l'estomach, par la limphe & le suc gastrique, & dans les intestins par la bile, le suc intestinal & le suc pancréatique. Toutes ces humeurs mêlées avec la quintessence des alimens, passent par les veines lactées, & delà circulant dans le sang, vont se séparer chacune aux visceres qui leur sont propres.

L'Auteur de la nature est donc le seul Prince des Mécaniciens : il n'a pas copié les ouvrages d'autrui ; tout est original de la part de l'Etre suprême. La forme dans les machines que les hommes font, ou pour se divertir, ou pour tenter la fortune, qui les embrasse quelquefois comme une aveugle, cette forme, dis-je, est tout ce qu'il y a de nouveau dans les prétendues nouvelles machines ; mais le fond, le principe, ne sont pas nouveaux, parce que tous les mouvemens & tous les ressorts sont connus & trouvés, excepté ceux du mouvement perpétuel.

Après le premier Organiste, il en est venu d'autres, qui successivement ont porté les Orgues au point de perfection où nous les voyons : de-là sont venues ces Orgues à manivelles pendantes au col des Savoyards dans les rues ; de-là encore les serinettes : rien n'est si gentil que ces petites inventions, mais que ne peut-on pas faire après l'invention des cylindres armés de pointes? il n'est point d'homme qui, avec un peu de conception, & avec les régles du diapazon, ne puisse avec de l'argent, de la patience & le secours des habiles artistes, ressusciter en bois la figure d'une sainte Cécile, qui joue de l'orgue; un ou plusieurs cylindres, avec des manivelles, ou des poids, ou avec des mouvemens hydrauliques, feroient cet effet à volonté.

Je ne trouve rien là de plus extraordinaire, que les mouvemens qu'on a vû faire au moyen d'une chute d'eau, par des Cyclopes qui forgeoient sur une enclume, & autres représentations de la fable, qui ne menent à rien.

J'aimerois bien mieux celui qui éleveroit un nouveau systême sur le pain que nous mangeons, disant que la farine reçoit des meules du moulin une qualité pétrifiante. Ce systême ne feroit pas seulement spécieux, il feroit vrai. Une meule de moulin, d'un pied d'épaisseur, se réduit souvent à quatre pouces d'épaisseur par le long service : voilà donc huit pouces d'épaisseur qui ont disparu, ou est-ce qu'ils ont passé ? ôtez-en quatre pouces, qu'on peut en avoir déchiré avec le marteau, pour la retailler, & lui donner ces dents qui déchirent le bled, & le réduisent en farine, il reste donc quatre pouces d'épaisseur, qui se sont mêlés imperceptiblement avec la farine ; & qui ont passé dans les corps des hommes, en infiniment plus grande quantité que celle des prétendus filamens d'éponges, & avec beaucoup plus de danger pour les tempéramens foibles, ou qui ont dans le sang des dispositions pétrifiantes.

La division du principe pétrifiant, qui se fait par le seul frottement du bled entre les deux meules, est si grande, que l'on peut en ce cas appeller la farine *pétrifiante*, tout comme les eaux qui passent sur des carriéres de pierre, dont elles font insensiblement une division infinie, retiennent, quoique très-limpides, un principe pétrifiant : c'est cette division infinie de la pierre, dans la farine & dans l'eau, que l'ange de lumiére ne voit pas avec son *bon microscope*, & qu'il devroit critiquer, pour donner du nouveau : car c'est cette division infinie de la pierre qui passe dans le chyle, du chyle dans le sang, & du sang dans tous les visceres.

Quoique le principe pétrifiant soit infiniment moins à craindre que le principe vitriolique, du moins ces deux vices, qui attaquent les alimens & la boisson, se ressemblent un peu dans un point, qui est la division infinie & la facilité de passer dans le sang ; ils ne sont dissemblables que dans leurs effets. Le *verd-de-gris*, pris à une certaine dose, tue subitement, ce que le principe pétrifiant ne peut faire. Les légéres & journaliéres doses de ce *verd-de-gris* brulent & dessechent peu à peu les visceres & les nerfs ; le principe pétrifiant ne brûle pas, il obstrue principalément les personnes disposées à l'obstruction : voilà le vrai siége de la matiére de l'obstruction dans les reins ; & non celle des prétendus filamens d'éponge, qui suivent le marc des alimens. C'est donc le principe pétrifiant de la farine & de l'eau que l'ange de lumiére devroit considerer; ce n'est pas assez, il faudroit, ce qui est très-facile, éviter ce principe pétrifiant dans la farine. Pourquoi est-ce qu'il ne le fait pas pour lui-même, & pour ses concitoyens, qu'il paroît vouloir préserver d'un genre imaginaire d'obstruction dans les reins, qu'il apperçoit, dit-il, dans l'éponge avec son *bon microscope?*

Je serois encore fort satisfait, si je voyois l'ange de lumiére, s'appliquer à l'invention d'une Horloge, qui puisse mésurer le tems sur les vaisseaux de mer, plus exactement que ne font les Horloges ordinaires; à plus forte raison, si je le voyois chercher & trouver enfin la vraie régle des longitudes: voilà les productions dignes des anges de lumiére; mais fussent-ils plus brillans que l'astre du jour, ils tombent quand ils sortent de leur sphere, pour élever faus réflexion des questions aussi nouvelles que l'introduction du marc des alimens dans le sang, sans autre science & sans autre principe que celui d'un *bon microscope.*

Ainsi ce ne sont ni les parcelles du marc des alimens, ni les filamens d'éponge visibles au microscope, & de quelque matiére qu'ils soient, pourvû qu'ils n'ayent aucun venin, qu'il faut principalement considerer dans l'eau destinée pour la boisson & la préparation des alimens; mais ce sont les mauvais principes invisibles de certaines eaux vitrioliques de leur nature, ou par accident dans les fontaines de cuivre, ou pétrifiantes de leur nature comme l'eau d'Arcueil, ou par accident dans les pierres poreuses, ou impregnées de fin limon, ou de la dissolution d'un sable vitriolique, qui se mêlant avec le chyle par leur grande division, peuvent le dépraver & être la véritable source des obstructions dans les tempéramens délicats, ou mal constitués, & principalement les eaux vitrioliques des fontaines de cuivre, qui peuvent occasionner la rupture des vaisseaux sanguins dans le foye, dans la ratte, les poumons, ou la tête & toutes les autres maladies, dont j'ai parlé dans l'endroit que j'ai cité ci-dessus.

Je ne crois pas que l'ange de lumiére puisse anéantir des principes très-simples, que j'ai puisés dans les meilleures sources, sur les chiens vivans, sur les cadavres & dans les livres dont je fais ici l'extrait, relativement au sujet des prétendues obstructions, qui n'ont assurément aucune affinité avec les *bons microscopes*.

Pour démonter cet ange de lumiére, faites-lui observer encore que si, à ce qu'on dit d'après lui, il n'apperçoit aucun filament avec son *bon microscope*, dans l'eau filtrée des fontaines de cuivre, c'est apparemment qu'il n'a pas distingué les eaux d'hiver d'avec celles d'été; c'est encore que les fontaines de cuivre sont scellées presque hermétiquement, ce qui souvent fait puer l'eau, & qu'elles n'ont ainsi aucun commerce avec les atomes de l'air; au lieu que les nouvelles Fontaines ont des ventouses, pour éviter la fermentation de la vase, au travers desquelles, comme des couvercles qui ſont au-deſſus, il peut s'échapper quelques atomes de différentes couleurs, comme un filament de laine, de linge, de coton, de ſoye, de plume, de bois, de feuillages & de tout le dépériſſement de la nature, qui ſe réduit en atomes & ſe reproduit ſucceſſivement. Demandez-lui enſuite, ſi ayant pincé curieuſement quelqu'un de ces atomes avec quelque outil de ſon invention, il en a fait l'analyſe, & de quels principes il s'eſt ſervi pour connoître les corps, d'où ces différens atomes ſe ſont détachés : creuſez bien le cerveau de cet ange de lumiére, vous trouverez le tuf après une ligne d'épaiſſeur, & rien de plus qu'une belle ſuperficie.

Ne le quittez pas : demandez-lui pourquoi il n'a pas penſé plutôt à combattre la pratique de ceux qui, avant l'introduction des nouvelles Fontaines, ne pouvant mieux, faiſoient filtrer leur eau au travers du ſable vitriolique & diſſoluble de la riviére, ou des pierres poreuſes, ou du papier gris, encore plus diſſoluble que l'éponge, conséquemment plus grand fournisseur de filamens du linge, dont il est composé? Quel dommage pour la réputation de cet ange de lumiére, de n'avoir pas pensé plutôt à admonester le genre-humain, sur tant d'autres précédentes causes d'obstructions dans les reins! peut-être répondra-t-il que pour cela il auroit fallu écrire, & que les anges, comme esprits, n'ont ni plumes ni mains : à la bonne heure, apparemment c'est la cause qui l'empêche d'écrire sur les atomes d'éponges, & sans doute le microscope, dont on parle, n'est que la fine intelligence de cet esprit.

Soit donc intelligence ou esprit, ne le quittez pas, puisqu'il se communique à vous. Demandez-lui ce qu'il pense des atomes que l'on voit sans microscope à un rayon de soleil, qui perce dans un appartement & que l'on gobe à chaque instant de la respiration, par le nés ou par la bouche, au soleil comme à l'ombre : sont-ils plus gros, ou plus petits que les filamens d'éponge, qu'il ne peut découvrir qu'avec ſon *bon microſcope* dans l'eau filtrée ? il n'aura garde de répondre qu'il voit dans l'eau avec ſon *bon microſcope*, autant d'atomes qu'il en voit à un rayon de ſoleil ; il ſera donc forcé de convenir , que les atomes de l'air ſont la plûpart beaucoup plus gros, parce qu'on les voit ſans microſcope, & infiniment plus nombreux, que ceux qui ſont dans l'eau exactement filtrée.

Cet aveu ainſi arraché, de gré ou de force, demandez-lui s'il penſe que les atomes de l'air, quoiqu'infiniment plus nombreux, & d'ailleurs la plûpart plus gros que les prétendus *filamens d'éponge*, ſoient plus ſains que ceux-ci, & moins ſuſpects d'obſtruction dans les reins & dans le cerveau; je ne crois pas que cette queſtion ſoit de ſa compétence, il répondra ce qu'il pourra, ou il gardera le ſilence.

Demandez-lui maintenant ce qu'il penſe des diſſolutions, & déchiremens, que les coulis aſſaiſonnés, les purées & toutes décoctions qui ſortent brulantes du feu, font dans les manches ou blanchettes de laine, ou de linge. Les filamens de laine, ou de linge, que la chaleur & le frottement des mains, ou d'une cueiller de bois, font détacher de cette manche, & qui passent dans les alimens, dans les bouillons, dans les purgations, &c. font-ils moins nombreux, font-ils moins suspects d'obstruction dans les reins? cette question ne sera pas non-plus de sa compétence : cet ange de lumiére reviendra toujours à son *bon microscope*, & comme un Don-Quichotte, qui embrasse fortement son écu, il vous parlera toujours de son *microscope*.

Insistez encore, demandez-lui pourquoi, faisant la guerre sans discernement à un *filament* imperceptible, qu'il croit d'éponge, & qui peut être aussi un brin de laine ou tout autre atome de l'air, comme j'ai dit, qui se sera jetté dans l'eau, il ne prend pas la précaution de faire sa résidence perpétuelle dans une niche vitrée, pour ne pas humer les nombreux atomes de l'air, & éviter ainsi les obstructions? pourquoi est-ce qu'il ne fait pas difficulté de manger aujourd'hui des mets où il y a des parcelles de laine ou de linge, en beaucoup plus grande quantité qu'il n'y a de prétendus filamens d'éponge dans l'eau filtrée ? Pourquoi est-ce qu'il boit l'eau filtrée au travers du sable de riviére, vitriolique & dissoluble, qui fournit un principe pétrifiant, & laisse encore échapper le fin limon de l'eau, sans crainte du verd-de-gris des fontaines de cuivre, ni du principe pétrifiant, ni du fin limon dans sa boisson comme dans ses alimens ; en un mot s'il y a plus de science & d'esprit à avaler du verd-de-gris, un fin limon & cent parcelles de laine ou de linge, qu'un filament d'éponge invisible sans microscope ? Si cet ange de lumiére vous avoue ingénument qu'il boit & mange sans inquiétude chez lui, & partout ailleurs, suivant l'usage ordinaire, c'est-à-dire, au moyen des vaisseaux de cuivre & des filtres usités, répondez-lui qu'avec tant de spéculation sur le filtre de l'éponge, il a grand tort de n'avoir pas pensé avec plus de discernement sur ses alimens

& sur sa boisson, qu'il n'y a pas du bon sens à braver les monstres, & à pâlir devant les cirons, ou plûtôt de feindre de pâlir; car ce n'est ici dans le vrai qu'une fiction, pour attirer les regards des ignorans, ou de ceux qui ont conçu de bonne foi une haute idée de l'ange de lumiére.

Tant de gens qui ont voulu entrer dans le Privilége des nouvelles Fontaines, sans avoir le premier sol pour l'exploiter, sont devenus mes ennemis, parce que j'ai cru devoir m'échapper de leurs mains. C'est ceux-ci qui se sont mis en quête d'un ange de lumiére, & celui-ci, dont ils ont grand soin de cacher le nom, veut profiter d'un événement de jalousie, se faire un nombre de proselites; vilipender les jugemens respectables de l'Académie & de la Cour, détruire l'approbation des plus fameux Médecins de Paris & des Provinces, qui ont pitié du systême des obstructions & qui font usage des nouvelles Fontaines, se donner pour un autre orphée qui fait danser les pierres; augmenter ainsi une réputation fabuleuse, & se faire renommer le seul arbitre des Sciences dans tout l'Univers, voilà l'objet ; mais à moins de vouloir dominer sur les Thrônes & sur les Dominations, ne risque-t-il pas, de lumineux, s'il l'est véritablement, de devenir fort opaque, d'affoiblir sa réputation, & peut-être de la réduire à l'unique valeur d'un *bon microscope* ? en un mot renvoyez-le à ce que j'ai dit plus au long dans mon livre, page 131. jusqu'à 169. Quelle témérité de vouloir s'élever au-dessus des vraies lumiéres !

Je fais tous mes efforts pour découvrir le masque, qui veut acquérir plus d'éclat, à la honte des jugemens les plus vrais & les plus respectables. Je tâche de piquer notre ange de lumiére pour le faire paroître, mais il n'osera, & c'est ainsi que je crois devoir défendre l'honneur qui est du aux jugemens de l'Adémie & de la Cour : je défends la volonté du Roi, la cause publique & moi-même. La défense est de droit naturel ; la mienne est publique,

& plus louable qu'une lâche, ignorante & ſourde calomnie.

Je ſçais qu'il y a d'autres émiſſaires en mouvement pour détruire les vérités que j'annonce; mais à dire vrai, je n'annonce rien, je ne fais que répeter ce que diſent Meſſieurs les Médecins : je ne ſuis proprement que leur écho, & ſi je dis quelque choſe du mien, je le ſoumets à leur cenſure.

Peu m'importe après cela que les critiques puiſſent, en fouillant dans les repertoires de cette foule de Minéraliſtes, qui ont écrit la plupart comme les Alchymiſtes, pour faire un commerce de livres, trouver des autorités contre le plomb; mais on ne trouvera aucun auteur eſtimé, qui diſe que l'eau dans le plomb ſoit mal ſaine.

M. Lemery, dans ſon cours de Chymie, regarde bien l'eau des fontaines de cuivre comme très-dangereuſe, mais il ne penſe pas ſeulement à donner le moindre avis ſur celles qui paſſent par des tuyaux de plomb, ou qui ſéjournent dans des ſontaines formées du même métal.

Je ne diſconviens pas cependant que les vaiſſeaux de fayence, de grès ou de verre, ne ſoient encore meilleurs ; mais la fragilité, la petiteſſe & le défaut, ou la difficulté des filtres à y pratiquer à ſuffiſance, s'y oppoſent très-ſouvent, & preſque dans tous les ménages ; & je ſoutiens ſans crainte d'aucune critique ſenſée, qu'il n'y a dans toute la nature rien de plus praticable & de plus ſolide que les vaiſſeaux de plomb affiné, ou d'étain pur de Cornouaille ou de Malaque, pour conſerver l'eau. Les diſputes échoueront toujours contre l'expérience, & contre la néceſſité abſolue.

Il ne ſuffit pas de critiquer, il faut indiquer au public quelque choſe de mieux ; hors de-là, ce n'eſt qu'ignorance, ou baſſe émulation. Si, par exemple, on alloit me critiquer ſur *l'excellence*, dont j'ai doué l'eau de la mer diſtillée, je répondrois que j'appelle *excellent*, ce qui peut empêcher de mourir en attendant mieux. Je ſçais par expérience, que cette eau ne désaltere pas comme l'eau commune ordinaire; l'huile volatile monte toujours, mais purgée de son sel, elle vaut infiniment mieux que celle qui n'a pas été distillée. Il en est de même des raisonnemens que j'ai fait sur les métaux, relativement aux nouvelles Fontaines.

Voilà pourquoi j'ai crû, maintenant que je suis mieux instruit des différentes critiques sourdes & intéressées, devoir mettre mon nom à la tête de cet Ouvrage, non que je veuille me donner pour Auteur de vérités simples; mais pour inviter l'ange de lumiére, ou ses émissaires, s'il leur prend envie d'écrie, de mettre leurs noms à la tête de leur réponse. Je ne répondrai point à des Ouvrages anonymes, ni à ceux qui n'indiqueront pas au public quelque chose de mieux, tant pour les matiéres des Fontaines domestiques, que pour les filtres.

Il est bon d'observer en finissant, que quelques personnes ont fait contrefaire chez elles des nouvelles Fontaines à leur usage, mais cette œconomie où elles n'ont gagné que de la peine, ne leur tournera jamais à profit. Les matiéres & les ſoudures fraudées, les robinets, les façons pour démonter par piéce une Fontaine, en cas de beſoin ou d'accident, le choix & la préparation des éponges & du ſable, l'étamage des couvercles, les grands & les petits alvéoles qui n'auront pas été jetté en moule, les défauts de proportion, de propreté, de commodité & de ſolidité leur feront voir dans la ſuite qu'il ne faut pas envier à une Manufacture, qui a de forts loyers, de fortes dépenſes, & beaucoup de faux frais, le gain qu'elles s'imaginent de faire ; le tems éclaircira ce que je dis ici.

Si cependant je voyois continuer les contrefactions, ſans pouvoir y apporter du remède, je n'irois pas plus loin. J'ai fait travailler les Ouvriers juſqu'ici à dix mécaniſmes differens, quoique le principe ſoit toujours le même. Ces mécaniſmes ſont 1°. les Fontaines de poche. 2°. les Fontaines de cuiſine & d'office à un banc de ſable & deux filtres d'éponge, ou avec pluſieurs bancs de ſable ſans éponges. 3°. les Fontaines à deux bancs de ſable, l'un deſcendant & l'autre montant, avec un filtre d'éponge qui jette ſon eau pure dans une cave. 4°. les Fontaines de rafinage à trois bancs de ſable, deſcendants & montants, avec deux filtres d'éponges, ou ſans ſable avec pluſieurs filtres d'éponges. 5°. les Fontaines d'hiver & d'été, pour avoir de l'eau tiéde en hiver, & de l'eau bien fraîche en été. 6°. les filtroirs militaires, marins & domeſtiques. 7°. les Fontaines africaines, en fayance, avec des fontaines de commandement au-deſſus, au moyen d'un globe de verre à deux pointes & deux robinets. 8°. les filtroirs en ſable & en éponges. 9°. les Fontaines pour les caves de caroſſes. 10. les Fontaines parlantes.

J'étois ſur le point de faire travailler les Ouvriers à deux Fontaines bien utiles & bien commodes ; la premiére conſiſte en un vaiſſeau de plomb ou d'étain, d'une grandeur arbitraire, ſuivant les beſoins domeſtiques

ques, où l'on voit la figure d'un cigne, plus ou moins gros, plongé dans l'eau sale, qui au moyen de son col fort long porte une eau très-limpide dans un jar de grès, ou dans une seconde loge du même vaisseau. Cette Fontaine fournit telle quantité d'eau que l'on veut, elle se nétoye commodément, au moyen d'un autre cigne de relais, de trois mois en trois mois.

La seconde est encore plus commode, mais elle ne peut fournir qu'environ douze voyes d'eau pure par jour. La commodité consiste au nétoyement des éponges, qui se fait même sans ouvrir la fontaine, au moyen d'une manivelle.

Pour concevoir ceci à peu près ; supposez qu'après trois mois de filtrage cette Fontaine ne fournisse plus assez d'eau, il ne faut qu'un instant ; cinq ou six tours de manivelle suffisent pour désobstruer les éponges, sans rien bouger de place, & pour avoir dans le moment un filtrage abondant.

Mais je m'arrête, voyant que je

ne puis rien faire exécuter, qui ne soit mal contrefait. Avant même l'enregistrement du Privilége, les contrefacteurs ont imité quelques-unes de mes piéces, que j'avois fait paroître pour le service du Roi dans ses armées. Ainsi l'événement me fait voir plus clairement aujourd'hui, que si j'avois fait graver les cent Planches, que j'ai promises pour cent rencontres différentes, on les auroit imitées, quoique mal, avant que je les eusse moi-même fait exposer dans le magasin de la Manufacture; je ne sçais pas même bien, si je dois dès aujourd'hui faire congédier les Ouvriers, pour ne pas faire de plus grands approvisionnemens qu'il ne faut, vis-à-vis des contrefacteurs.

Mais je demande maintenant, si l'ange de lumiére & ses émissaires, ne doivent pas rougir de honte & de confusion. Ils tâchent de faire tomber une invention que l'on contrefait actuellement à Versailles, à Paris & dans les Provinces; mais plus ils s'efforcent d'étouffer la vérité, plus celle-ci se fait du jour, comme de la poudre à canon; elle va même plus loin : la poudre à canon a de la force jusqu'à un certain point; ici la vérité fait aller la force au-de-là de ses bornes, puisque la bonté de l'invention fait enlever à la Manufacture ce qui n'est dû qu'à celle-ci. Que seroit-ce donc si je donnois aux contrefacteurs de nouveaux modéles, pour travailler plus à leur aise?

De-là je prends occasion de donner une leçon aux Provinciaux, qui ont le malheureux talent des Machines, & qui croyent qu'il n'y a qu'à venir à Paris pour faire fortune. Rien n'y coute tant que cette fortune; elle manque même souvent, malgré les meilleures inventions; combien de tours & de détours ne faut-il pas faire dans une ville immense, comme celle de Paris, pour faire percer la vérité & la faire connoître?

Il faut 1°. être l'auteur d'une Machine *utile* & *nouvelle*; il faut pour cela parcourir le recueil des Machines de l'Académie, qui vous en avertit dans la Préface. 2°. il faut la présenter clairement; car l'Académie ne donne ses certificats qu'à la juste valeur des Machines présentées. 3°. Ces Machines sont-elles imparfaites, & sujettes à des inconvéniens, quoique nouvelles? l'Académie donne des certificats qui constatent bien la nouvelle utilité & le droit de l'auteur; mais ce droit est borné par les corrections nécessaires pour la pleine Approbation. Si avec un pareil certificat on parvient à obtenir des Lettres Patentes, portant Privilége exclusif, les faveurs du Roi sont toujours relatives aux régles faites par Sa Majesté, dans l'établissement de l'Académie: de-là naissent les oppositions des Communautés, favorisées avec justice par Messieurs les Magistrats de la ville & de la Police, & en dernier ressort par la Cour, qui ne procéde point à l'enregistrement des Lettres Patentes.

Il ne suffit donc pas d'obtenir des Lettres Patentes, portant Privilége exclusif, il faut présenter Requête à la Cour en enregistrement de ces Lettres. La Cour rend un décret au bas de cette Requête, portant qu'avant procéder à l'enregiſtrement, les Lettres Patentes & Plan des Machines Privilégiées, ſeront communiquées à M. le Procureur général, qui conclut à la communication du tout à l'Académie, à Meſſieurs les Prévôt des Marchands & Echevins, & à M. le Lieutenant de Police, pour donner tous leurs avis ſur *l'utilité* ou *inutilité* des Machines dont il s'agit.

En conſéquence la Cour rend un Arrêt interlocutoire, en conformité des Concluſions de M. le Procureur général. Il faut alors que le porteur des Lettres patentes faſſe ſucceſſivement les communications ordonnées, & qu'il ſuive tous ces différens Tribunaux, pour faire rendre, en conformité de l'Arrêt de la Cour, les trois avis ordonnés.

Si dans le principe l'Académie a trouvé des inconvéniens, on juge bien que ſon avis ne tendra point à l'enregiſtrement pur & ſimple d'un Privilége excluſif, qui auroit pour objet de tromper le Public dans l'achat d'une mauvaiſe Machine.

Si l'avis de l'Académie n'est pas favorable, on juge bien encore que ceux de Messieurs les Prévôt des Marchands & Echevins, & de M. le Lieutenant de Police, le feront encore moins, soit pour l'intérêt des Communautés, soit pour le bien public.

Il arrive donc alors que le porteur des Lettres patentes, qui ignore souvent la teneur de tous ces avis secrets, après s'être donné des mouvemens infinis, pendant plusieurs années, vient avec confiance poursuivre l'enregistrement à l'assemblée de la haute Police.

Mais la lecture seule des avis arrête les conclusions de M. le Procureur général, conséquemment l'Arrêt d'enregistrement, & tout est suspendu jusqu'à ce que la Cour voye clairement la *nouveauté* & *l'utilité* sans inconvéniens.

Le Provincial alors est comme un premier pris avec son Privilége. Souvent il ne peut corriger son invention; s'il en est capable, peut-être s'est-il ruiné, qui plus est, endetté, peut-être sa santé est-elle très-affoiblie par les mouvemens, les chagrins & les contentions d'esprit, qui amenent les veilles & les maladies; bref il ne peut plus ni avancer, ni reculer; il ne peut plus demeurer à Paris, ni retourner dans sa Province, & c'est une invention qui périt misérablement avec l'inventeur.

Il y a bien à penser avant que de quitter son état & son chez-soi. Le plus sûr parti est donc de bien perfectionner les inventions en Province, avant que de venir à Paris.

Mais combien de dangers encore, de ne pas trouver cette fortune que l'on cherche !

Si on a un état dans la Province, pourquoi quitter le certain pour l'incertain ! si on n'est pas riche, pourquoi venir s'exposer à des dépenses qu'on ne peut soutenir, & à périr enfin sans ressource ? Si on est riche, pourquoi venir risquer à s'appauvrir ? à plus forte raison, si on n'a qu'un bien médiocre. Ne vaut-il pas mieux envoyer ses découvertes à l'Académie, sans bouger de chez-soi ? Presentez du bon, & qui soit bien digeré, l'Académie vous rendra justice, présent comme absent : elle vous enverra de bons certificats, sur lesquels vous pourrez voir étant chez vous, ce que vous devez faire.

Je suppose maintenant que vous veniez à Paris, avec un bon certificat de l'Académie, considerez les mouvemens que vous avez à faire. Vous avez à obtenir des Lettres patentes, & un enregistrement qui ne peut se faire qu'avec les longues formalités que je viens d'observer.

Je suppose même que l'enregistrement soit fait, qui vous a promis de conserver votre Privilége en entier? Vous ne le pouvez plus, si vous avez épuisé vos facultés, encore moins si vous vous êtes endetté ; vos fonds de terre, si vous en avez en Province, ne sont pas vendables. Les acheteurs sont rebutés, par les hipothéques que vous avez vraisemblablement contractées.

Il vous faut donc trouver une compagnie d'honnêtes gens, & en état de soutenir l'entreprise : il faut vous dépouiller en leur faveur : après cela qui vous a promis que vous n'aurez point d'opposition de la part de quelque Communauté, bien ou mal fondée ? mais qui vous a promis que la Manufacture, que vous établirez à Paris, sera du goût du Public ? qui vous a promis encore, si vos inventions sont du goût du Public, que vous ne serez pas contrefait ? Calculez, ôtez le bénéfice de vos associés & celui des contrefacteurs, vous ne trouverez peut-être jamais de quoi vous indemniser de vos dépenses, & de vos travaux.

Je fournis un bel exemple moi-même ; j'ai donné du bon & du nouveau, quels mouvemens n'a-t-il pas fallu faire pour réussir, après plusieurs années de poursuites, & que serois-je devenu, si je n'avois pas trouvé des anges tutelaires ! J'ai réussi enfin ; encore fais-je mieux l'avantage du Public que le mien : voilà ma récompense.

Je suppose que la Manufacture que j'ai établie, prospere malgré les contrefacteurs, il faut que je me prive, moi & ma famille , du néceſſaire ; pour payer mes créanciers.

Cela fait, en ſuppoſant que je n'eus pas vendu mon Privilége , il faudroit me rembourſer des ſommes que j'ai confondues de mon chef, depuis une douzaine d'années, pour faire des expériences, pour faire différens voyages à Paris, & pour y séjourner, comme j'ai fait, pendant très-long-tems ; ce n'eſt pas tout, il faudroit encore trouver dans les profits de la Manufacture, de quoi m'indemniſer de l'état que j'ai quitté : en un mot, tout bien peſé, il vaut mieux conſerver chez ſoi l'état, le bien & la ſanté que l'on a, que de venir à Paris pour s'endetter, & riſquer le certain pour l'incertain. Je ſerois bien plus heureux, ſi quelqu'un m'avoit fait la leçon que je viens de faire. C'eſt aux Provinciaux qui pourroient dans la ſuite venir à Paris, dans le même objet & dans la même crédulité que la mienne, à moderer leur ardeur, & profiter de ce que je dis ici d'après l'expérience.

Au moment qu'on m'apporte la derniére épreuve de chez l'Imprimeur, j'apprens deux faits que je place ici. Je demande grace de l'ordre que je ne puis observer.

Premier Fait.

Un Critique s'est déconcerté à l'aspect d'une personne qu'on lui a opposée dans une bonne table. Il a d'abord été engagé à dire tout ce qu'il sçait d'après le *bon microscope*, (sûrement ce doit être ici mon ange de lumiére.)

Celui-ci, flatté par les questions qu'on lui faisoit, a étalé ses cavillations, à la faveur de quelques principes de son invention, & allant ainsi par degrés de l'un à l'autre, & de sophisme en sophisme, il a conclu, comme un docteur, & contre l'évidence, que les reins ne peuvent que s'obstruer par les filamens de l'éponge. *

* *Ea est natura cavillationis quam Græci σόφισμα appellant ut ab evidenter veris per brevissimas mutationes disputatio ad ea quæ evidenter*

* Telle est la nature de la cavillation que les Grecs appellent sophisme. Elle consiste à éloigner dans la dispute les principes évidemment vrais, à la faveur de quelques courtes & subtiles variations qui paroissent conséquentes, & qui conduisent l'esprit insensiblement à se pénétrer de

Malheureusment pour lui, il avoit affaire à un excellent Physicien, qu'il ne connoissoit pas, & qui après l'avoir laissé bien étendre, lui a prouvé en bonne compagnie, par de bons principes & par des bonnes conséquences, que cette cascade de raisonnemens, qu'il venoit de faire, n'étoit établie que sur des principes qui lui paroissoient bien hazardés. Quoique le Physicien ait accompagné sa réponse de beaucoup d'égards & de politesses, l'ange de lumiére, à ce qu'on dit, ne s'est pas moins troublé; il a senti ses forces & le ridicule qu'il s'étoit donné fort imprudemment; mais comme un abysme attire toujours un autre abysme, il a pris le parti, ne faisant plus pourtant que balbutier, de s'en tenir aux filamens d'éponge, & de poser toujours pour principe ce qui étoit en question. Le Physicien n'a dit plus mot, tous les convives ont

falsa sunt perducatur. Leg. *66*. ff. *de regulis juris*.

ce qui est évidemment faux. *Loy. 66. aux Digest. tit. des régles du Droit*. On va voir mantenant que l'ange de lumiére n'est pas même sophiste.

gardé le silence, & on a laissé à l'ange de lumiére toute la liberté de rouler fort mal à son aise sur la pétition du principe.

Enfin comme on souffre naturellement de voir tomber quelqu'un dans la confusion, le Physicien a tourné adroitement la conversation, sur le mal qu'il peut y avoir de trop épurer l'eau, & feignant ainsi de condamner un filtre trop puissant, il a donné le moyen à l'ange de lumiére de se remettre un peu de son désordre.

Celui-ci ne voyant pas même, que la nouvelle proposition du Physicien, étoit l'antipode de la sienne, a incliné à l'approuver, sans s'appercevoir des deux extrémités, ensorte que la conclusion de l'ange de lumiére est maintenant que l'eau des nouvelles Fontaines est tout à la fois trop pure, & non assez; pour le moins il laisse à choisir, en disant qu'elle est ou trop pure, ou qu'elle ne l'est pas assez, attendu la concomitance des filamens d'éponge.

Mais le Physicien qui, à ce qu'on dit, a chez lui, & dans sa maison de campagne, quatre Fontaines de cuisine & d'Office, ne croit ni l'un ni l'autre; en effet un des convives est venu au magasin, acheter par le conseil du Physicien, & d'après l'expérience de celui-ci une Fontaine, sans autre filtre que celui de l'éponge, pour l'eau d'Arcueil. C'est ce premier qui a raconté au Commis de la manufacture, ce que je viens de dire, sans vouloir nommer ni la maison, ni l'ange de lumiére, ni le Physicien, ni lui-même.

Je ne désapprouve point dans un honnête-homme un pareil ménagement, mais c'est justement ce qui fait que je ne puis m'orienter. Je me bats, & je dois me battre contre un phantôme, contraire à l'Académie, à la vérité & au bien public, jusqu'à ce que je le voye paroître. Quand je verrai sur le filtre de l'éponge, un systême tout nouveau & bien prouvé : quand je verrai, dis-je, à cet égard, tomber tous les autres systêmes de la nature, des Anatomistes les plus fameux, principalement ceux de l'Académie, loin de blâmer l'ange de lumiére, je le louerai : c'est aux nouveaux ſyſtêmes bien prouvés, qu'il faut rendre hommage; fuſſent-ils faux, ils ſont bons juſqu'à ce qu'on découvre le faux : cette recherche mêne du moins à de nouvelles découvertes utiles, comme l'obſerve encore mieux M. Dortous de Mairan, l'un des quarante de l'Académie Françoiſe, de l'Académie royale des Sciences, &c. dans la magnifique Préface qu'il a miſe à la tête de ſa ſavante diſſertation ſur la glace.

Mais tant que je ne verrai que des queſtions hazardées, ſans aucun principe de Phyſique, & contre tous les principes de la nature, de l'Académie & de Meſſieurs les Médecins, je dirai toujours qu'une queſtion toute nue, & réſolue par la queſtion même, n'eſt point un ſyſtême prouvé, mais un ridicule problême, en un mot la production de quelque ignorant traveſti qui n'oſe ſe montrer ouvertement qu'aux honnêtes gens qu'il a ſurpris : mais dans cette occaſion, on peut dire qu'il n'eſt pas allé bride en main.

Second Fait.

M. l'Abbé de V... Chanoine en l'Eglise Notre Dame, a reçu une nouvelle fâcheuse. M. son pere, de résidence à Ausch, s'est empoisonné avec douze personnes, convives ou domestiques, par un ragoût qui avoit un peu trop séjourné dans une casserole de cuivre. Cet accident est arrivé en Novembre 1751. De ces douze personnes, il y en a deux qui sont mortes au moment que j'écris ceci, les dix autres sont perclues de leurs membres, ou privés de la vûe; j'ignore encore leur sort, pour la mort ou pour la vie, & je rends ceci comme on me l'a rendu, sauf au Public de prendre de plus amples informations sur la vérité du fait.

Comme il ne reste que très-peu d'exemplaires du Livre intitulé *Nouvelles Fontaines domestiques*, j'ai crû devoir faire l'Extrait de ce Livre, pour diminuer les frais d'une nouvelle impression. Cet Extrait, où il y a plusieurs expériences & réflexions nouvelles & utiles sur les vaisſeaux néceſſaires dans les cuiſines, pour l'eau, & pour la préparation des alimens, ſe vend chez COIGNARD & BOUDET, rue ſaint Jacques à la Bible d'or.

Le Magaſin des Nouvelles Fontaines eſt établi *rue Poiſſonniere, paſſé le Boulevard, chez le ſieur* TROUARD, *Marbrier du Roi.*

www.ingramcontent.com/pod-product-compliance
Ingram Content Group UK Ltd.
Pitfield, Milton Keynes, MK11 3LW, UK
UKHW012046240726
13965UKWH00003B/1072